鳌山科技创新计划项目“深海专项－总体战略研究”
（项目编号：2016ASKJ11）

开发深海海洋能　共建海洋命运共同体

——深海海洋能开发战略构想

赵　强　著

中国海洋大学出版社
·青岛·

图书在版编目(CIP)数据

开发深海海洋能,共建海洋命运共同体:深海海洋能开发战略构想 / 赵强著 . -- 青岛:中国海洋大学出版社，2020.11

ISBN 978-7-5670-2633-9

Ⅰ.①开… Ⅱ.①赵… Ⅲ.①深海—海洋动力资源—海洋开发—研究 Ⅳ.① P743

中国版本图书馆 CIP 数据核字(2020)第 213009 号

开发深海海洋能 共建海洋命运共同体

赵 强 著

出版发行 中国海洋大学出版社
社 址 青岛市香港东路23号 邮政编码 266071
网 址 http://pub.ouc.edu.cn
出 版 人 杨立敏
责任编辑 邓志科
电 话 0532-85901040
电子信箱 dengzhike@sohu.com
印 制 日照日报印务中心
版 次 2020 年 11 月第 1 版
印 次 2020 年 11 月第 1 次印刷
成品尺寸 170 mm × 230 mm
印 张 7
字 数 78 千
印 数 1 ~ 1000
定 价 39.00 元
订购电话 0532-82032573（传真）

前 言

科技进步赋予了人类改造自然的伟力，但终以地球系统的不可承受而反向挤压人类社会的可持续生存和发展，水资源危机、粮食危机、能源危机、矿产资源危机、生态环境恶化的危机接踵而至。实现人与自然的和谐，实现人类的可持续生存与发展，成为当今世界最重大、最紧迫的问题！

面对如此严峻的形势，资源丰富但尚未充分开发的深海大洋成了人类未来的希望所在。深海大洋中除了资源储量极为丰富的深海热液多金属硫化物、多金属结核、富钴结壳等金属矿产资源外，深海大洋还是一个储量近乎无限的可再生能源宝库。深海可再生能源包括波浪能、温差能、温盐能等，总量高达 750 亿 kW 以上，是全球总装机容量的十几倍，理论上可以满足地球上所有的能源需求。深海海洋能都是由太阳辐射能转化而来，本身具有清洁、低碳、无污染的特点。广阔的深海接受了全球超过一半的太阳辐射，其能量补充功率达 10^{12} kW，是全球总装机容量的 100 多倍，可以得到源源不断的补充，可以说取之不尽，用之不竭。

深海可再生能源目前全部处于资源闲置状态。主要原因除了深海海洋能开发的技术条件不够成熟之外，更重要的原因是深海海洋能即便开发出来也面临着难以应用的窘境。但氢能源时代的到来，为深海海洋能的利用开辟了理想途径：利用大型浮动平台发电制氢之后，再由船舶或海底输气管道输运到世界各地，供应氢能源汽车、居民燃气乃至氢燃料发电站等的使用，利用更为清洁的氢能源逐步实现对石油和天然气的接替。这一路径不仅为人类社会发展拓展出更为广阔的能源利用空间，而且可减少人类社会对常规油气等化石能源的依赖，满足人类社会能源消费清洁化、低碳化的未来需求，并能为遏制大气温室气体含量持续升高、全球气候变暖和海洋酸化作出贡献，给人类社会描绘一幅更为美好的未来图景。

相对照的是，我们今天能源消费的现实让世人充满忧虑。2018 年全球二氧化碳排放量达到 331 亿吨，比 2017 年新增 6 亿吨。大气二氧化碳浓度正以每年$(2\sim3)\times10^{-6}$的惊人速度上升至 80 万年以来的最高水平，导致了全球气候变暖、海洋升温、海洋酸化、海平面上升、恶性旱涝灾害强度和频率增加等诸多恶果，全球生态系统、人类的生存环境乃至经济安全都在遭受沉重的压力。人类能源消费结构必须向低碳、清洁的方向转型，即可再生能源是根本解决之道。在光能、风能、水能（陆地）和海洋能等可再生能源之中，深海海洋能资源潜力最大，对陆地生存环境影响最小，而且支撑了“氢能源时代”这一人类社会能源消费的最终形态，理应被作为最重要的可再生能源来开发。

但现实是太阳能、风能开发技术近年来都得到了较快的发展，浅海海洋能相对进步缓慢，深海海洋能基本无人问津。这是因为深海海洋能多位于广袤的国际公共海域，深海海洋能的开发涉及复杂的国际利益，而这方面尚没有法律可以依凭，也不是单个国家所能解决；其次，深海海洋能的开发投资巨大，技术难度高、风险高，充满了不确定性，没有哪一个市场主体敢轻易涉足，进而制约了深海海洋能开发技术的发展。深海海洋能的开发须由国家间组成联合体来共同推动，由国家投资引航开道。

党的十八大提出实施海洋强国战略，十九大进一步提出“加快建设海洋强国”的要求。党的十八大明确指出实施海洋强国战略，必须提高海洋资源开发能力，发展海洋经济，保护海洋生态环境，坚决维护国家海洋权益。为了使全人类和平利用海洋资源，使海洋真正为人类造福而避免各类恶果，习近平总书记在“人类命运共同体”理念的基础上，又提出了“构建海洋命运共同体”的理念。习近平总书记指出：“我们人类居住的这个蓝色星球，不是被海洋分割成了各个孤岛，而是被海洋连结成了命运共同体，各国人民安危与共。”当今世界，没有海洋的和谐，就不可能有世界的和谐。“向海而兴，背海而衰，为开发海洋而进行的合作，给各国带来发展；但是为争夺海洋发生的战争，则给人类带来灾难。”

“海洋命运共同体”是习近平总书记基于时代背景提出的中国方案，为人类和平开发利用海洋带来希望。建设和平、合作、和谐的海洋命运共同体，需要世界各国共同努力，需要命运攸关的世纪工程血脉相连。我们认为，深海海洋能的开发无疑就是这样的世纪工程，需要集全人类智慧共商、共建、共享，因而提出“深海海洋能开发国际合作专项”倡议，作为世界各国在海洋能开发领域的一个合作平台，也作为“海洋强国”建设的一项重大工程，“21世纪海上丝绸之路经济带”建设的一个重要项目，以及“海洋命运共同体”建设的重要抓手。

我们期望通过“深海海洋能开发国际合作专项”的施行，将海洋领域的国际合作提升到全新境界，构建区域及全球范围内“深海海洋能命运共同体”，开发深海能源化解人类社会的能源危机，让世界海洋真正为世界人类造福，为“海洋命运共同体”的建设提供“能量”支撑。

唯愿“深海海洋能命运共同体”早日建成，唯愿这个世界更加和平、繁荣、稳定！

作者

2020年10月

目　录

第一章
我国深海海洋能开发的战略需求

海洋是巨大的可再生能源宝库，全世界海洋能理论潜力超过 766×10^{8} kW（Wick et al, 1981；王传崑，2009）。海洋可再生能源主要包括离岸风能、潮汐能、潮流能、波浪能、温差能和盐差能，具有总蕴藏量大、可永续利用、绿色清洁等特点，理论上海洋能可以满足地球上所有的能源需求，支撑人类社会可持续生存和发展。

随着全球人口的不断增长和人类生活水平的整体提高，陆地资源面临枯竭，而地球环境承载力逼近极限，为了人类社会的长续永存和可持续发展，向深海索取资源已成为必然的趋势。这其中，海洋能以其巨大的潜力，有资格成为世界未来能源消费的主体。当前海洋能的开发主要局限于浅海区域，但深海大洋才真正代表着海洋能开发的未来和希望。海洋能的开发能降低人类社会发展对化石能源的依赖，有效化解能源危机，并能支撑“氢能源时代”的早日实现，加快推动世界能源消费结构向低碳化、清洁化方向转型，支撑海洋经济发展，有效应对全球气候变化。

一、应对全球气候变化的需求

应对气候变化、实现可持续发展是当今人类社会面临的两个重大问题。人类进入工业化时代以来，能源消耗量急剧增加，短短数百年之内便将地球数亿年来累积的化石能源消耗大半，造成大气二氧化碳含量的极速增加（图 1-1）。作为一种重要的温室气体，大气二氧化碳含量的增加直接导致全球气候变暖、两极冰川消融、全球海平面上升、海洋变暖以及海洋酸化等全球环境变化现象，间接加剧了生态系统的恶化趋势，加快了物种灭绝速度，增加了全球旱涝灾害的频率和强度，从而严重威胁了人类社会的可持续生存和发展。

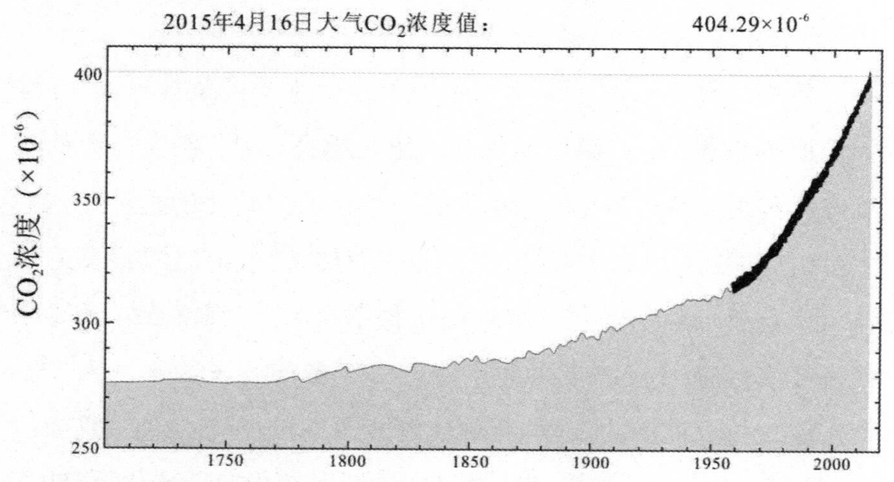

图 1-1　18 世纪中叶工业革命以来大气中二氧化碳含量变化图。2015 年 4 月 16 日的读数显示，二氧化碳含量突破了 404.29×10^{-6}。

2016 年 4 月 22 日，170 多个国家领导人齐聚纽约联合国总部，共同签署气候变化问题《巴黎协定》。《巴黎协定》指出，各方将加强对气候变化威胁的全球应对，把全球平均气温较工业化前水平升高控制在 2℃之内，并为把升温控制在 1.5℃之内而努力。全球将尽快实现温室气体排放达峰，21 世纪下半叶实现温室气体净零排放。《巴黎协定》的核心就是转变人类社会的能源消费结构，推动人类社会能源消费结构向低碳化、清洁化转型，最终目标是实现温室气体的零排放。其实现路径是大力发展可再生能源，实现对常规化石能源的革命性替代。根据国际能源署（IEA）《2019年可再生能源报告》，全球可再生能源产能将在5年内扩大50%，并有机会追上全球燃煤电厂输出量，两者并列2024年全球电力结构的最大贡献者。

我国目前是世界碳排放第一大国，2018年的碳排放（100亿吨）占世界碳排放总量的27.2%，因而我国也是全球碳减排压力的主要承担者。为履行《巴黎协定》承诺，2016年国家能源局颁布了《能源生产和消费革命战略（2016—2030）》，承诺到2020年非化石能源占一次能源消费比重将达到15%，到2030年达到20%，到2050年超过50%。作为负责任的大国，我国政府承诺在2030年达到碳排放的峰值，并争取提前实现这一目标。

为此，我国政府近年来大力发展可再生能源，截至2018年年底，全国可再生能源发电装机总容量 7.29×10^8 kW，其中水电装机容量 3.52×10^8 kW，风电装机容量 1.84×10^8 kW，光伏发电装机容量 1.75×10^8 kW，均居世界第一。即便如此，由于我国疆域上可再生能源资源禀赋的先天制约，至少在2050年之前煤炭消费依然会占据我国能源消费总量的一半以上，这与联合国二氧化碳零排放的最终目标还相距遥远。因此，如果资源潜力巨大的深海海洋能得到开发，我国能源消费结构的转型将迎来革命性的变化，从而极大地降低我国二氧化碳的排放量。相应的，深海海洋能的开发也会导致全球能源消费结构发生根本性的变化，有效降低碳排放，从而有效缓解，甚至根本扭转全球环境和气候恶化的趋势。

二、捍卫国家能源安全的需求

能源为人类社会的发展提供基本动力，能源的利用形式以及人均能耗代表了经济社会的发展水平，社会愈发达人均能耗便越高。随着我国人口的继续增加和国民生活水平的不断提高，我国能源消费总量至少在未来10年将稳步提升。

2018年，我国能源消费总量是46.2亿吨标准煤，是世界第一能源消费大国，世界煤炭的50%和石油的14%都是我国消费的。按照国家能源局的规划，我国能源消费总量在2020年前将控制在50亿吨标准煤以内，到2030年前控制在60亿吨以内并长期趋于稳定。从传统化石能源的角度来看，我国是“富煤贫油少气”的国家，煤炭在一次能源消费中的比例过高（占65%左右），而石油和天然气大量依赖进口。据2019年《BP世界能源统计年鉴》（中文版），世界煤炭可采188年，我国只有53年；世界石油可采54年，我国只有18.5年。2018年，我国石油对外依存度逼近70%，天然气对外依存度升至45.3%，并且未来可能进一步提升。我国能源供需矛盾突出，能源安全已经成为我国重大经济安全问题之一。

2017年我国取代美国成为世界第一原油进口大国，而美国通过“页岩气革命”已经实现了能源独立的“梦想”。据国际能源署（EIA）预测，2019年美国的原油进口量将会降到110万桶／日，到2020年甚至会降到10万桶／日。EIA还预测，到2020年年末，美国将成为净出口国，出口量大概在90万桶／日。美国甚至向中东的迪拜和科威特出口液化天然气，世界能源格局彻底改写。国际局势愈动荡，对我国的能源安全愈不利，而对美国影响不大。美国在摆脱了能源的对外依赖，甚至成为能源净出口国之后，日益从维护世界稳定的“世界警察”角色转变为推波助澜的“搅局者”，高举“美国第一”“美国优先”大旗，把我国视为主要的战略竞争对手，肆意发动贸易战、科技战，煽动我国香港、新疆和台湾局势，全力狙击我国的社会主义现代化建设事业。中美之争可能成为未来多年国际关系的主基调，世界政治、经济，乃至军事冲突的不确定性增加，进一步加剧了我国能源安全的风险。

2011年，利比亚内战和阿拉伯之春阻碍了石油供应，石油价格上涨40%，我国每吨原油进口成本同比增长37%，外汇消耗同比增加45.3%，逼近2 000亿美元。我国是伊朗原油的最大买家，伊朗原油的一半出口至我国，占我国进口总量的6%。2018年，美国单方面退出伊核协议并对伊朗进行制裁，美国软硬兼施，分阶段要求各国减少对伊朗石油进口，自2019年5月以来我国在伊朗的原油进口受到重大影响。委内瑞拉石油探明储量位居世界第一，是我国重要的原油供应国。2019年以来，委内瑞拉陷入政治危机，美国支持委内瑞拉国内反对派，并对委内瑞拉进行制裁。在美国制裁升级和委内瑞拉国内动荡加剧的双重影响下，委内瑞拉和我国连续十年的原油贸易被迫中止，我国失去了一个重要而稳定的原油供应地。为了维护能源安全，我国启动了战略石油储备建设，但还远未达国际能源署规定的战略石油储备能力90天的“安全线”（约11 250万吨）。但即便战略石油储备达成90天的储备目标，也仅是缓解了燃眉之急，依然没有改变严重对外依赖的现状，我国经济持续稳定发展的能源安全隐患并不会解除。

面对日益动荡的国际局势，大力开发近乎无限的海洋可再生能源，不仅符合能源低碳、清洁的历史趋势，缓解能源/环境压力，更有利于我国早日彻底摆脱能源消费严重依赖进口的不利局面，保障经济社会持续稳定发展，甚至成为能源净出口国，彻底捍卫国家能源安全。

中国政府对海洋能的开发也高度重视，在“十二五”和“十三五”规划中均明确提出要大力发展海洋可再生能源。但是，目前对海洋能开发利用的战略定位，仅限于缓解沿海地区用电紧张、解决边远沿海地区特别是海岛电力供应短缺和满足沿海经济社会发展的需要，尚未提升到维护国家能源安全和大国竞争的高度。

如今，建设海洋强国已成为国家方略，国家上下对海洋都高度重视，但海洋强国必须有强大的海洋经济来拱卫。在全球深海资源开发的前夜，海洋经济的强大与否很大程度上决定了未来数十年内一国在世界上的经济地位。若在深海海洋能的开发中掉了队，深海海洋经济的发展便等于失去了根基，不仅国家能源安全继续操于人手，振兴海洋经济将愈发困难，并进而伤害到社会主义现代化强国目标的实现。相反，如果我国在未来的深海海洋能开发中处于领先地位，在深海海洋能开发的尖端科技和产业链上建立优势，不仅能够通过深海海洋能的开发解除我国的能源安全隐患，更可以为我国在深海矿产资源的开发中取得优势地位，自然实现海洋经济的强大，为社会主义现代化强国的实现打下坚实基础。

三、加快进入氢能源时代的需求

氢能是绝对零污染的二次能源。由于储运方便，氢能可广泛应用于燃料电池汽车等储能发电领域，也可直接作为燃料推进飞机、汽车等交通运输工具，甚至用来发射火箭，或实现对石油、天然气等化石燃料的替代。走向清洁低碳是当今世界能源发展的必然趋势，氢能源被视作21世纪最具发展潜力的清洁能源。

时至今日，氢能的开发和利用已经取得了长足的进步，人类正快速步入氢能源时代。据中国石油经济技术研究院《2050年世界与中国能源展望》（2019版）预测，2035年前后氢能汽车商业化成本和便捷性就可以与传统汽车竞争，清洁氢气的制取和储运技术趋于成熟并大规模推广，氢能基础设施基本完善（图1-2）。2030年前后氢能汽车可在世界大规模推广应用，交通用油需求比基准情景分别在2030、2040和2050年减少0.8亿吨、4.0亿吨和12.5亿吨。到2050年，氢能占交通用能比重达到32.9%，交通领域石油需求降为15.9亿吨，占交通用能的55%。

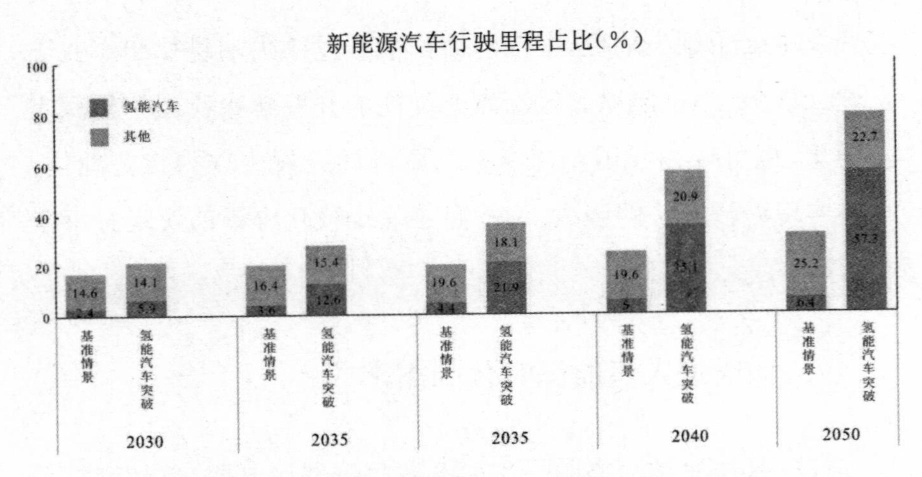

图 1-2　不同情景下氢能源汽车未来行驶里程占比预测
（中国石油经济技术研究院，2019）

根据世界氢能委员会的预测，到 2050 年全球终端能源需求的 18%将来自氢能，氢能市场规模也将超过 2.5 万亿美元。氢能已经成为备受关注的新能源发展热点，美国、日本、欧盟、中国等国家和地区，以及一些传统能源公司都相继制定了氢能产业发展战略和政策，越来越多的汽车、金融公司也涉足氢能相关业务，已形成多产业协同创新发展的新格局。

2002 年，美国能源部（DOE）发布《国家氢能发展路线图》，标志着美国氢能产业从构想转入行动阶段。2003 年，美国正式启动《总统氢燃料倡议》，计划在 5 年间投资 12 亿美元研发氢能生产和储运技术，积极促进氢燃料电池汽车技术及相关基础设施在 2015 年前实现商业化。2004 年，美国能源部（DOE）发布《氢立场计划》，明确氢能产业发展要经过研发示范、市场转化、基础建设和市场扩张、完成向氢能社会转化等 4 个阶段，并从 2004 年至今持续开展氢能与燃料电池项目计划。

2019年1月，韩国政府发布《氢能经济发展路线图》，希望以氢燃料电池汽车和燃料电池为核心，把韩国打造成世界最高水平的氢能经济领先国家，使韩国从化石燃料资源匮乏国家转型为清洁氢能源产出国。到2040年，使韩国氢燃料电池汽车和燃料电池的国际市场占有率达到世界第一，创造出43万亿韩元的年附加值和42万个就业岗位。

2019年2月，欧洲燃料电池和氢能联合组织（FCH-JU）发布《欧洲氢能路线图：欧洲能源转型的可持续发展路径》报告，认为大规模发展氢能是欧盟实现脱碳目标的必由之路。报告提出了欧洲发展氢能的路线图，明确了欧洲在氢燃料电池汽车、氢能发电、家庭和建筑物用氢、工业制氢方面的具体目标。到2030年，氢燃料电池乘用车将达到370万辆，占乘用车总量的1/22；氢燃料电池轻型商业运输车将达到50万辆，占轻型商业运输车总量的1/12；在建筑物中，使氢气替代7%的天然气；将种类繁多的可再生能源发电转型为主要依靠氢能发电，并进行大规模氢能发电示范。到2040年，建筑物中使氢气替代32%的天然气；部署250万台氢燃料电池热电联产装置，除供电外，氢能还能满足所有商用建筑以及1 100万个家庭的供暖需求。到2050年，使欧洲氢能发电总量达到欧盟能源需求总量的1/4。这其中，法国和德国走在欧洲氢能源开发利用的前列。

日本是最重视氢能利用的国家。自使用化石能源以来，能源资源几乎为零的日本始终处于极其被动的境地，氢能产业的美好前景使日本看到了根本摆脱这一困境的曙光，甚至期待未来能占据该产业链顶端，成为能源出口国。2017 年 12 月，日本发布《氢能基本战略》，提出要在全球率先实现“氢社会”，以摆脱能源困境，确保能源安全。日本政府又于 2019 年 3 月公布《氢能利用进度表》，旨在明确至 2030 年日本应用氢能的关键目标。主要包括：到 2025 年，使氢燃料电池汽车价格降至与混合动力汽车持平；到 2030 年，建成 900 座加氢站，实现氢能发电商业化，并持续降低氢气供应成本，使其不高于传统能源。

日本丰田公司自 1992 年便致力于氢能源汽车的研发，于 2015 年正式量产发售其第一代氢燃料汽车 Mirai（“未来”之意），并同时向同行放开了 5 680 项燃料电池研究专利，力推氢能源产业的整体发展。在 2019 年 11 月的第二届上海国际进口博览会上，丰田展示了其氢燃料电池汽车 Mirai 第二代，续航里程有望突破 650 km。继丰田之后，日本的本田和韩国的现代也推出了自己的氢能源车型。国内各自主品牌也先后推出了上汽荣威 950 车型、奇瑞艾瑞泽 5 氢燃料电池版实车，在 2019 年上海车展上也涌现了格罗夫氢能汽车（取名致敬燃料电池发明人、英国科学家威廉·格罗夫）这样专注于氢能源的造车新势力。全球范围内众多政府和跨国企业巨头都已经在氢能源发展战略上达成了一致——那就是氢能源的开发和利用，将成为未来全球产业和能源革命的发展方向。

面对世界氢能源迅猛发展的大势，我国 2019 年《政府工作报告》修改后补充了“推动充电、加氢等设施建设”一句，氢能源首次写入政府工作报告。2019年，各地方政府的氢能扶持政策、氢能产业园区如雨后春笋般涌现。据不完全统计，仅2019年，江苏如皋、浙江嘉兴、山西大同等地对氢能的投资预计超过1 600亿元。根据中长期规划，到2025年，中国氢能产值将会超过5 100亿元，最终发展成万亿市场。比如，上海提出到2025年建成加氢站50座，乘用车不少于2万辆，其他车不少于1万辆。佛山计划2020年投入使用10座加氢站，力争实现1 000辆氢能公交车示范运营目标。武汉计划到2020年建设5座至20座加氢站，燃料电池车示范运行规模2 000辆至3 000辆……

作为能源高度依赖进口的国家，氢能源的发展对我国的重要意义不言自明。氢能源发展的关键环节在于获取大规模廉价制氢的手段。目前，制备氢气的几种主要方式包括氯碱工业副产氢、电解水制氢、化工原料制氢（甲醇裂解、乙醇裂解、液氨裂解等）、石化资源制氢（石油裂解、水煤气法等）和新型制氢方法（生物质、光化学等）。2017年全球氢气产量约为6 000万吨，96%来源于热化学重整，电解水制氢仅占4%，原因在于电解水制氢的成本依然高昂。然而，就能源发展的趋势而言，氢气大规模的制取只有摆脱对传统能源的依赖才能真正迎来氢能源时代，因而利用可再生能源制氢将成为终极解决方案。

由于氢气是二次能源，氢气的制取需要耗费更大规模的一次能源。从远期来看，使用“可控热核聚变”的能量来发电制氢是氢能源时代最终极的解决方案，但是可控核聚变何时能够实现难以预料，美国能源部预测需经30～50年才有可能成为现实。近期，规模利用弃水、弃光、弃风等清洁能源来制取氢气是获取廉价氢气的重要方法，但规模有限，仅能算是补充性能源渠道。中远期来看，建立专门的深海浮动发电平台，将潜力巨大而未能开发的深远海海洋能利用起来发电制氢，其技术与工程难度远小于核聚变，才是通往氢能源时代的可靠路径。

全球海洋能绝大多数位于远离陆地的深海海域，开发难度大、风险大、成本高，即便能成功开发也难以将海洋能转化的电力输送到陆地上来，只能“望洋兴叹”。早期海洋能的开发主要聚焦于近岸风能、潮汐能和波浪能。随着人类科技的快速发展，新材料、新技术不断涌现，开发深海海洋能的技术储备日趋成熟。资源环境的压力也迫使人类加快深海海洋能开发的步伐。随着氢能源时代的到来，利用大规模的海洋浮动平台来综合开发海洋能发电制氢，为资源储量巨大的深海海洋能的释放开辟了途径，将成为21世纪大规模廉价制氢的重要解决方案，也将加速氢能源时代的到来。

四、海底矿产资源开采的需求

矿产资源是国家建设和社会发展的物质基础。我国是世界上最大的矿产资源消费国，在我国社会主义现代化强国建成之前这一地位恐怕难以改变。我国陆地原油、天然气、铜矿等多种重要矿产资源查明资源储量增幅呈逐年下降趋势，对外依存度不断攀升，供需矛盾加剧，国家矿产资源安全形势堪忧，已成为制约我国国民经济长期稳定发展的隐患。随着陆地资源的日渐枯竭，发展海洋科技，打开海洋这座几乎蕴藏有无穷资源的宝库，向海洋索取能源和资源已成为人类社会持续发展的必由之路，且对我国而言尤为迫切。

深海海底区域的矿物资源主要有三类，即多金属结核、多金属硫化物与富钴铁锰结壳。其中，多金属结核分布在大洋底部水深 4 000 ～ 6 000 m 海底表层，含有锰、镍、铁、钴、铜等丰富的金属元素。到 20 世纪 90 年代末，后两种矿产资源相继被发现。多金属硫化物形成于有火山活动的海底“黑烟囱”周边，发育水深介于 1 000 ～ 4 000 m，富含铜、锌、铅以及贵金属金、银等。富钴锰结壳主要产在水深 800 ～ 2 500 m 的海山、海台的顶部及斜面上，除富含钴与铁锰元素外，还含有铂等贵金属与钛、钨、钼等稀土元素。

中共十八大报告中指出“要提高海洋资源开发能力，发展海洋经济，保护海洋生态环境，坚决维护国家海洋权益，建设海洋强国”。十九大报告中进一步提出了“坚持陆海统筹，加快建设海洋强国”的要求。开发利用海洋资源，不仅是建设海洋强国的应有之义，也是建成现代化强国的必由之路。

根据《联合国海洋法公约》，国际海底管理局代表全人类对专属经济区和大陆架区之外的国际海底区域行使资源的处置权，并且通过企业部来实施资源的使用权，同时符合相关规定的国家和法人、组织可以通过向国际海底管理局申请以协作方式获得“区域”资源的使用权。截至 2019 年，国际海底管理局（ISA）已与 30

个承包商签订了为期15年的深海海底多金属结核、多金属硫化物和富钴结壳勘探合同，累计覆盖面积达到130万平方千米。其中，18份合同是勘探克拉里昂－克利珀顿断裂带（16份）、中印度洋盆地（1份）和西太平洋（1份）的多金属结核；7份合同是勘探西南印度洋脊、中印度洋脊和中大西洋脊的多金属硫化物，5份合同是勘探西太平洋富钴结壳。其中，中国大洋协会、中国五矿集团有限公司和北京先驱高技术开发公司代表我国与国际海底管理局签订了5份合同。

2017年，国际海底管理局启动“年度承包者大会”制度，研讨制定深海采矿的规则。历经牙买加和波兰召开的前两届闭门会议，管理者与承包者对开发规章制定、数据公开及共享、环境管理计划等进行了深度探讨，并在全球形成了从勘探向开发转变的共识。2019年10月10～13日，国际海底管理局第三届承包者大会在湖南长沙举办。会议期间，国际海底管理局与承包者代表围绕开发规章、缴费机制、海洋环境及生物多样性保护、国际科学技术合作等议题进行了深入讨论与交流。国际海底管理局秘书长迈克·洛奇表示，本届承包者大会旨在加强承包者之间的沟通交流，加快制定深海采矿国际规则，推动深海矿产资源的开发利用。深海采矿只差临门一脚，有望在短期之内获得通过。一旦深海采矿国际规则通过，就等于打响了深海采矿的发令枪。

部分国家已走在了开采摸索的前列，如比利时已进行海底5 000 m单体行走试验，并正拟进行海底5 000 m采集试验（金翔龙等，2014）。2017年8～9月，日本金属矿物资源机构（JOGMEC）

在海底设置采矿实验机，并成功将 16.4 吨重破碎的热液硫化物矿石吸上来（图 1-3）。

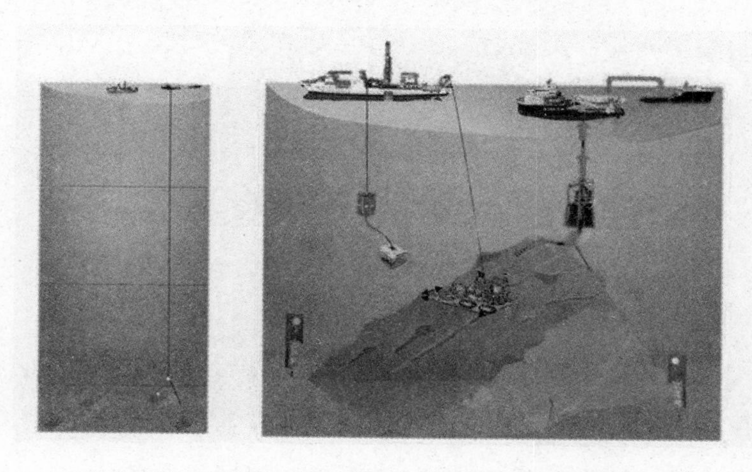

图 1-3　日本经济产业省公布的海底采矿概念图

而在深海采矿领域走在最前面的则是加拿大鹦鹉螺矿业公司（Nautilus Minerals），该公司多年前就与巴布亚新几内亚政府达成协议，并获得位于太平洋西部俾斯麦海海底多块区域的开采许可。早在 2014 年，鹦鹉螺矿业公司就与福建马尾造船和迪拜船东 MAC（Marine Assests Corporation）签订价值 5 亿美元的全球首艘深海采矿船订单。2018 年 3 月 29 日，福建马尾造船厂为鹦鹉螺矿业公司建造的全球首制 227 m 深海采矿船出坞（图 1-4），该船具备 2 500 m 深海作业区采矿作业能力。

图 1-4　福建马尾造船厂为鹦鹉螺矿业公司建造的全球首制 227 米深海采矿船出坞

2018 年 5 月至 6 月间，由自然资源部和五矿集团牵头的“鲲龙 500”海底集矿车完成海试，这是我国首次开展 500 m 级水深海底多金属结核集矿系统试验（图 1-5）。本次海试的成功标志着我国深海采矿系统研发由陆上试验全面转入海上试验。为我国“深海多金属结核采矿试验工程”1 000 m 级整体联动试验奠定了基础。

图 1-5　“鲲龙 500”海底集矿车进行海试

从理论上讲，在全球开放市场条件下，只有当深海战略性矿产资源开发的边际成本等于或者小于陆地相关矿产资源时，深海战略性矿产资源商业化开发才会得以实现。从现有技术条件看，深海战略性矿产资源开发的成本远远高于陆地矿产资源，仅仅前期的技术研发成本和勘探成本投入就十分巨大，而生态环境补偿和修复的成本目前很难准确估算，但是鉴于海洋生态资源修复的难度较大，甚至不可修复，资金投入必然较大。同时，在国际海底“区域”进行深海战略性矿产资源商业化开发，按照规定要缴纳一定的开发费用和转移相关技术，用以保证全人类对“区域”资源的权益和海洋生态环境的补偿，进一步加大了“区域”内深海战略性矿产资源的开发成本。由于人类社会环保意识的增强，当前的环境危机将迫使人类在深海海底这片“净土”中开采资源时，必然会小心谨慎，把保证深海生态环境的平衡置于优先地位，不会再重复陆地先破坏、再修复的老路。当前的各种海底采矿设备，以其对海底造成的严重破坏，估计难以满足未来采矿的需求。如基于目前鹦鹉螺矿业公司研发的深海挖矿机工作原理，置于海底的挖矿机会像一台巨大的吸尘器一样将矿物与海底淤泥一并吸入、过滤并向后喷出（图 1-6）。这一将海底翻得底朝天的开采方式，加上挖矿机数十吨的巨大重量，对于深海生态的破坏可能将比被称为“断子绝孙捕鱼术”的海底拖网技术更加巨大。这会推后海底采矿时代的到来，直至技术能力能够实现资源开采与环境保护的平衡。

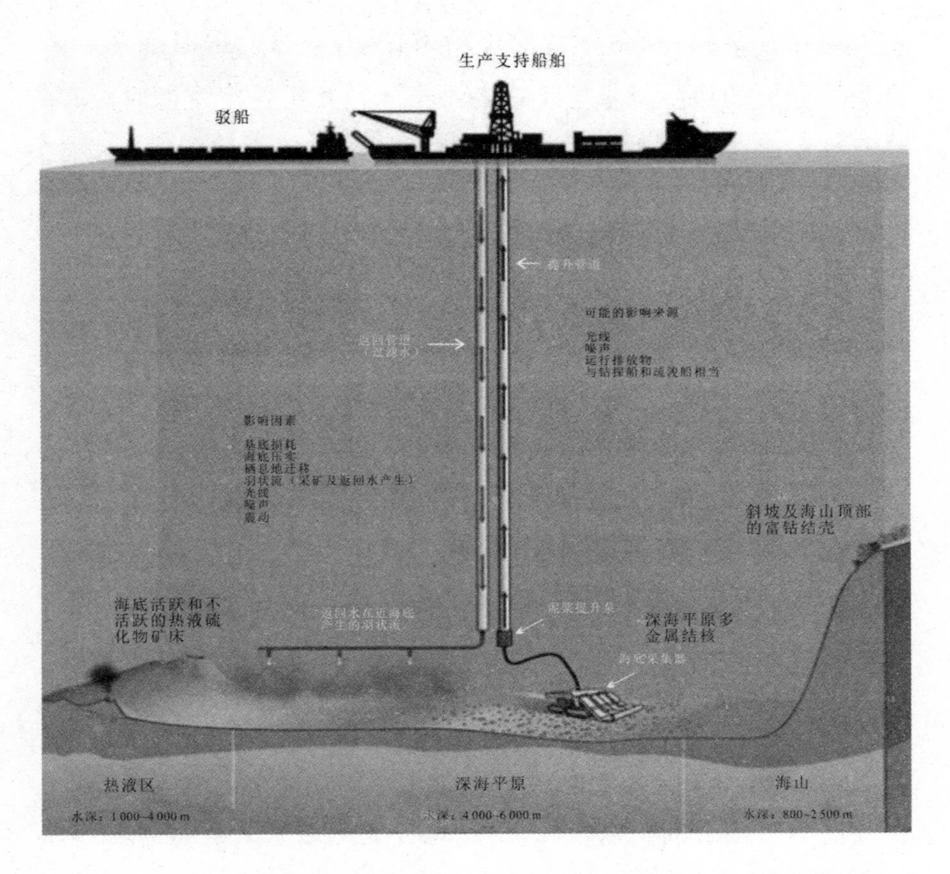

图 1-6　多金属结核矿的开采示意图，开采过程将对海底生态造成大规模破坏（世界自然保护联盟，IUCN）

在技术条件和环境保障之外，深海资源的勘探和开采是一个高耗能的产业。将深海矿产从数千米深的海底挖掘、采集、提升、运输上岸以及后续的环境修复工作均需要大量能源的支撑。如果没有大量而廉价的能源，深海采矿将“入不敷出”。如果深海采矿需要消耗大量的陆地能源来支撑，人类能源压力会进一步加重，只有深海采矿的能源来自深海本身才是最佳途径。深海海洋能的开发将为深海采矿提供充足而廉价的能源，降低深海采矿的成本，从而推动深海资源的开采能早日实现。而从技术条件来看，深海能源的开发也比深海资源的开采更容易实现。所以，从战略层面来看，深海海洋能源的开发应作为深海海底资源开采的基础和前提进行准备。

五、人类命运共同体建设的需要

2012 年，党的十八大明确提出“要倡导人类命运共同体意识，在追求本国利益时兼顾他国合理关切”。此后，人类命运共同体成为国家方略。2017 年 10 月 18 日，习近平主席在十九大报告中提出，坚持和平发展道路，推动构建人类命运共同体。2019 年 4 月 23 日，习近平主席在青岛会见多国海军代表团团长时明确提出推动构建海洋命运共同体。“我们人类居住的这个蓝色星球，不是被海洋分割成了各个孤岛，而是被海洋连结成了命运共同体，各国人民安危与共。”习近平主席提出的构建海洋命运共同体理念，彰显了深邃的历史眼光、宽广的天下情怀，为全球海洋治理指明了路径和方向。

深远海面积占全球面积的一半，其无限的资源储量属于全人类共同财富，深海资源的开发关涉全人类福祉和未来命运。习近平主席说“‘一带一路’不是口号和传说，而是成功的实践和精彩的现实”。深海能源与资源合作开发将为人类命运共同体的建设开辟出广阔合作空间。在深海海洋能的开发中，贯彻“共商、共建、共享”的合作理念，使广阔的深海大洋成为链接人类命运的共同纽带，让“生命的摇篮”焕发光芒，照亮全人类的未来。

第二章
我国海洋能开发研究现状

中国近海及其毗邻海域，蕴藏着丰富的海洋可再生能源资源。据《我国近海海洋综合调查与评价》专项调查成果显示，中国近岸海洋可再生能源资源潜在量约 15.8×10^{8} kW，技术可开发量可达 6.47×10^{8} kW（罗续业等，2016）。

中国高度重视海洋可再生能源开发利用，2006 年颁布的《可再生能源法》明确将海洋可再生能源纳入可再生能源范畴，在“十二五”和“十三五”规划中均明确提出了大力发展海洋可再生能源的要求。“十一五”以来，国家大幅提高对海洋科技的投入力度，实施重大科技专项，将海洋可再生能源开发利用作为重点任务。截至 2017 年，专项资金实际投入经费约 10 亿元，支持了 100 余个项目，有力地促进了中国海洋能开发利用整体水平的提升（刘玉新等，2018）。

经过多年的发展，中国已经形成了海洋能技术研发、装备制造、海上施工、运行维护的专业队伍。据不完全统计，目前从事海洋可再生能源开发利用的单位涉及科研院所、高等院校、国有及民营企业等共 70 多家，直接从业人员超过 2000 人。大批有实力企业部门的参与，极大地提高了创新能力、设备国产化能力和产业化转化能力，有利于产业链的延伸及产品、技术的辐射。

一、离岸风能

我国拥有漫长的海岸线，海上风能资源丰富，根据 2009 年国家气候中心的评估结果，离岸 50 km 范围内的可开发风能资源为

7.58 亿 kW。我国于 2007 年安装了首个海上试验风机平台，目前已有数个海上风电场投入运行，但总体上看，我国海上风电起步晚，相关产业发展不成熟，发展道路上的挑战和机遇并存。

近年来，我国海上风电取得突破进展，海上风电装机容量由 2013 年的 45×10^4 kW 增至 2017 年的 279×10^4 kW，2018 年国内海上风电在建容量达到 1.65 GW 以上，并将保持较快增长，有望提前实现国家能源局《风电发展“十三五”规划》中提出的到 2020 年海上风电并网装机容量达到 5 GW 以上的目标。东南沿海地区目前确定的长期海上风电发展目标规划总容量超过 56 GW。

在海上风电机组研发方面，金风科技、上海电气、东方电气等一大批企业已经有能力生产适应我国近海复杂海洋环境的 5 MW 以上大容量机组，可以避免完全依靠国外进口。如，2017 年中国船舶重工集团海装风电股份有限公司（中国海装）H171-5MW 风电机组成功吊装。2019 年，中国海装成功研发出首台叶轮直径超过 200 m 的风电机组（H210-10MW），单机容量为 10 MW。在勘测设计方面，一批设计单位在施工优化方面取得了众多突破，已经具备提供全生命周期技术服务能力。在施工方面，中交三航局、龙源振华等通过参与上海东海大桥、福清兴化湾海上风电场建设，在海洋施工、大型海洋施工设备制造方面都积累了许多成功经验。在项目开发方面，呈现出由近海到远海，由浅水到深水，由小规模示范到大规模集中开发的特点。

图 2-1 2017 年 8 月，中国海装 H171-5MW 吊装成功

虽然取得了快速发展，我国海上风电产业与国际一流水平尚有一定差距。中国海上风电在海洋工程、产品可靠性、远距离电力输送以及维护方面仍面临很多挑战。

二、波浪能

据有关研究数据，中国波浪能理论装机容量约为 1 600×10^4 kW，技术可开发量约为 1 471×10^4 kW（刘玉新等，2018）。中国波浪能发电技术研究已有 30 多年的历史，先后研建了 100 kW 振荡水柱式和 30 kW 摆式波浪能发电试验电站，利用波浪能发电原理研制的海上导航灯标已形成商业化产品并对外出口。2015 年 8 月，由中国船舶重工集团公司制造的“海龙一号”波浪发电装置通过测试，成功运行。中船重工预计，在波高接近 4 m 的情况下，该装置可产出 100 kW 的电能。2015 年 11 月，中科院广州能源研究所在珠海市海域投放了装机容量为 120 kW 鹰式波浪能发电装置“万山号”，后来“万山号”的装机扩大至 200 kW，并初步具备远海岛礁应用能力。

通过开展波浪能转换过程的研究，进一步提高波浪能装置的转换效率以及可靠性，是波浪能利用技术发展的关键。近年来，王中林院士团队发明的基于接触起电和静电感应的摩擦纳米发电机（TENG）提供了波能向电能转换的一种新途径，具有从海洋中收集大范围“蓝色能源”的巨大潜能（Wang et al, 2017）。现今波浪能的利用形式是将大面积的波浪能加以吸收，再转化成机械能，带动电磁发电机运转发电。摩擦纳米发电机的理论源头是麦克斯韦的位移电流，与电磁发电机有着本质的区别（图 2-2）。与利用波浪能传统的电磁发电机相比，摩擦纳米发电机的优势在于质轻、浮于水面、低频下高能量转化效率、对无规和随机的机械运动有更好的适应性，所以它是收集水波能的理想技术。

基本的 TENG 单元收集的能量有限，但大量的单元连接成网络可以产生巨大的电能。由成千上万的球形摩擦纳米发电机单元通过缆绳连成网络漂浮在水表面或位于水下一定深度，形成三维的网络结构（图 2-3）。如果每秒由水波激励 2 ～ 3 次，每个单元产生 1 ～ 10 mW 的电能，对于像山东省面积大小的一片海域，在 10 m 深的水中布满 TENG 网络，发出的电量可满足全世界的能源需求。由于结构简单、成本低，提供了一种创新的大规模从海洋中收集蓝色能源的技术。

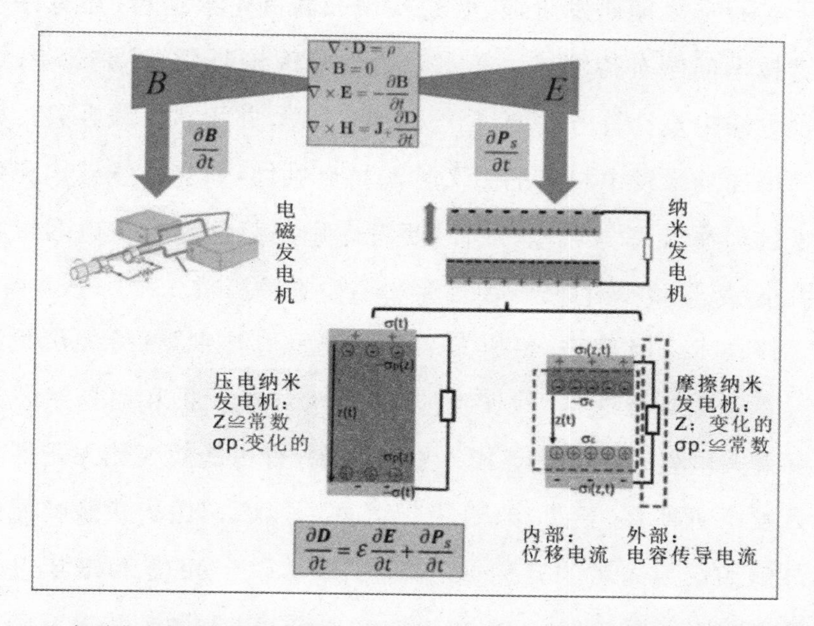

图 2-2　电磁发电机和纳米发电机理论基础的比较，以及压电纳米发电机和摩擦纳米发电机的工作机理（电磁发电机利用变化的磁场产生电流，而纳米发电机利用表面极化电荷引起的极化场的变化来发电。纳米发电机代表一种全新的不同的发电机理）

图 2-3　摩擦纳米发电机网络用于大规模收集波浪能（Wang et al.，2017）

当前，王中林院士团队在海洋蓝色能源利用上的研究成果还处于实验室早期研发阶段，要想实现长时间可靠运行，还有许多关键技术问题有待解决。在水动力性能理论研究、模型试验、纳米发电结构设计等方面要进行大量的工作，并积累实践经验。如研究提高纳米发电材料的耐久性与抗腐蚀性；研究布线结构和传输抵御风暴及恶劣环境。同时要考虑规划蓝色能源发电网位置和大小，尽量减少对航运、海洋生物与生态的影响。

该技术一旦突破，将引发一场海浪发电技术革命，加快我国海洋新能源开发速度，对保障能源安全、环境保护和可持续发展具有重大里程碑贡献。该技术前景广阔，有可能成为比太阳能和风力发电更便宜、更可靠、更稳定可再生能源。凭借在微纳能源和自驱动系统领域的开创性成就，王中林院士荣获2018年度的世界能源领域最高奖“艾尼奖”和2019年度“阿尔伯特·爱因斯坦世界科学奖”。

三、温差能

温差能是指海洋表层海水和深层海水之间的温差储存的热能，利用这种热能可以实现热力循环并发电。海洋温差发电（即海洋热能转换，OTEC：Ocean Thermal Energy Conversion）是一个多世纪以前提出的，只是近50年来得到了较快的发展。海洋大约覆盖了地球表面的71%，这使得它成为世界上最大的太阳能集热器和储能系统，海洋温差能约占海洋能源储量的90%，理论估

值为 100×10^8 kW。海洋温差能具有清洁、可再生、储量大，不存在间歇，受昼夜和季节的影响较小，不占用土地资源等特点，被国际社会普遍认为是最具开发利用价值和潜力的海洋资源。据统计，只要把南北纬 20 度以内的热带海洋充分利用起来发电，水温降低 1 度放出的热量就有 600×10^8 kW 发电容量。温差能的优势就在于它可以提供稳定的电力，如果不考虑维修，这种电站可 24h 无间歇地工作。同时，海洋温差能在发电富余的情况下，还可以制氢并送回陆地。

中国近海及毗邻海域的温差能资源理论储量为 $14.4\times10^{21}\sim15.9\times10^{21}$J，在各类海洋可再生能源中占居首位，可开发总装机容量为 $17.47\times10^8\sim18.33\times10^8$ kW，90%分布在我国的南海（王传崑，2008，2009）。倪晨华等（2013）利用热容量法计算南海表、底层海水温差大于 18℃水体的温差能资源储量为 1.16×10^{22}J。

20 世纪 80 年代初，中国科学院广州能源研究所、中国海洋大学和国家海洋技术中心等单位开始开展海洋温差能利用研究。在海洋温差能发电技术方面，2005 年，天津大学研制出用于混合式海洋温差能利用的 200 W 氨饱和蒸汽试验用透平；原国家海洋局第一海洋研究所于 2012 年利用电厂温排水，研制了 15 kW 温差能发电试验装置，在温差为 19.7℃时，达到额定功率 15 kW，透平发电效率约为 73%，2017 年进行了高效氨透平、热交换器等关键技术研发（刘伟民等，2014，2018）。

图 2-3　原国家海洋局第一海洋研究所研发的 10 kW 海洋温差能实验装置（刘伟民等，2018）

2013 年，华彬集团联合美国洛克希德马丁公司开发全球第一座 10 兆瓦陆基海洋温差发电站（OTEC），原计划 28 个月建成，但由于合作外方的特殊背景，该项目最后不了了之。中国海油集团公司自 2016 年开始开展海洋能温差能开发利用技术研究，探索引进国际先进技术，开展我国海洋温差能开发利用技术的可行性研究，为建设大型海洋温差能发电平台提供技术决策支持。与国外相比，我国的温差能开发利用技术在示范规模和净输出功率方面，还存在着明显的差距。

四、潮汐能

据不完全统计，全国潮汐能蕴藏量为 1.9×10^{8} kW，其中可供开发的约 $3\ 850\times10^{8}$ kW，年发电量 870×10^{8} kW 时。根据中国

海洋能资源区划结果，我国沿海潮汐能可开发的潮汐电站坝址为424个，以浙江和福建沿海数量最多。

独立研建的位于浙江温岭的江厦潮汐试验电站是中国潮汐能开发利用的国家级试验电站，采用单库双向工作方式（图2-4）。首台机组于1980年并网发电，装机容量仅为3.2 MW。2012年，龙源电力对电站的1号机组进行增效扩容改造，2015年8月完成，电站总装机增加到4 100 kW。目前电站年发电接近800×10^4 kW·h，基本达到商业化程度。

图2-4　航拍温岭江厦潮汐试验电站（朱海伟，2018）

五、潮流能

中国潮流能理论装机容量约为833×10^4 kW，技术可开发量约为166×10^4 kW。中国潮流能开发利用技术研究始于20世纪80年代，最近发展迅速。“LHD”模块化大型海洋潮流能发电机组(一期)设计研发历时 7 年，具备 15 大系统核心技术群组和 46 项核心技术专利，设计总装机容量达 3. 4 MW。该系统于 2016 年 8 月 15 日下海成功发电，8 月 26 日并入国家电网，截至 2017 年 10 月底，累计发电超过 48×10^4 kW 时，实现并网发电 21×10^4 kW 时，使中国潮流能发电装置装机规模、年发电量、稳定性和可靠性等多个指标达到世界领先水平。浙江大学潮流能机组研究成果实现单机功率的突破：由浙大自主研发的 650 kW 海流能发电机组日前在舟山恢复并网发电，最大发电功率达 637 kW，创国内海流发电单机装备最大发电功率纪录。中国已成为亚洲首个、世界第三个实现兆瓦级潮流能并网发电的国家，极大地提升了中国潮流能技术的国际竞争力。

图 2-5　浙江大学 650 kW 大长径比高效水平轴海流能发电机组(浙江日报)

六、盐差能

盐差能又称浓度差能，是两种浓度不同的溶液间以物理化学形态贮存的能量。这种能量有渗透压、稀释热、吸收热、浓淡电位差及机械化学能等多种表现形态，现在最受人们关注的是渗透压形态。用置于盐水和淡水交接处的半渗透膜，使盐、淡水间的渗透压以势能的形态体现并加利用，是现在利用盐差能的主要思路，所以盐差能主要存在于江河入海口处。另外，还存在于淡水丰富地区的盐湖和地下盐矿（王传崑，2009）。我国盐差能实验室研究开始于 1979 年，并在 1985 年采用半渗透膜法开展了功率为 0.9 ～ 1.2 W 的盐差能发电原理性实验，之后长期处于停滞状态（金翔龙等，2014）。根据王传崑 2009 年的估算结果，我国沿岸盐差能资源储量为 3.58×10^{15} kJ，理论功率约为 114×10^{6} kW（王传崑，2009）。目前，中国盐差能利用技术还处于原理研究阶段，中国海洋大学开展了 100 W 缓压渗透式盐差能发电关键技术研究，于 2017 年通过验收（刘伟民等，2018）。

第三章
世界海洋能开发研究现状与趋势

全球能源结构调整和绿色能源革命，掀起了海洋可再生能源开发的热潮。美国的《海洋水动力可再生能源技术路线图》、欧洲科学基金会的《海洋可再生能源》、英国的《海洋能源行动计划2010》、英国能源研究中心的《海洋（波浪、潮汐流）可再生能源技术路线图》和《海洋能源战略》等都对海洋可再生能源的发展进行规划。国际能源署（IEA）发布的《2017年海洋能国际愿景》指出，到2050年，海洋能将创造直接就业机会68万个，减排二氧化碳5亿吨，总装机规模超过300 GW，总投资将达350亿美元。

国际海洋可再生能源开发总体上呈现单机规模最大化、示范电站规模化、支撑体系常态化的发展态势。为保持海洋可再生能源开发优势，英国最新一轮支持计划年资助金额高达2.9亿英镑，美国、爱尔兰等国也纷纷加大投入支持海洋可再生能源发展并积极建设海洋可再生能源试验场。此外，各国也更加重视出台海洋可再生能源入网、电价等扶持政策和技术标准，海洋可再生能源商业化进程明显提速。

一、离岸风能

离岸风能的开发潜力巨大。IEA最近发布的《2019离岸风电展望报告》指出，海上风力发电可以产生足够的电力，供应地球上每个家庭和企业。该报告指出，仅开发近岸的主要风力电场所能提供的电力就已超过当今全球消耗的电力总量。海上风电所能生产的最大潜力超过120×10^{8} kW，是2040年预计全球电力需求的 11 倍。不过这个估算并未将传输和储存电力的困难纳入考虑范围。IEA 执行董事 Fatih Birol 在声明中表示，目前海上风能仅占全球发电量的 0.3%，但未来有可能成为与页岩油气、太阳能一样的能源，随着成本急剧下降而享受大量的产出。IEA 预估，2040 年，由于成本降低和政府的支持鼓励安装更大的风力发电机和浮动地基以在深水区作业，该产业的投资额可能会达到 1 万亿美元。政府新增的支持和新的投资将有助于开发新技术，包括浮动平台，这种浮动平台可使涡轮机置于更远的海上。

在欧盟，到 2030 年，海上风电装机容量将增加 4 倍，并将在 2040 年成为当地最大的电力来源。预计其成长将远远超过电力需求的增加，从而可以将多余的风能用于生产氢气，这反过来又可以减少运输和建筑中的碳使用量。

IEA 预测，到 2025 年，中国将超过英国成为拥有最大海上风电装机容量的国家。中国的海上风电装机容量将从 2019 年的 400×10^{4} kW 增加到 2040 年的 1.1×10^{8} kW。

海上风电的发展要求风电机组功率更大，叶片更长。2019 年，中国船舶重工集团海装风电股份有限公司成功研发出首台叶轮直径超过 200 m 的风电机组（H210-10MW），单机容量为 10 MW。

国际可再生能源署总干事 Francesco La Camera 在 2019 北京国际风能大会上报告，到 2050 年风电将会满足世界 1/3 的电力需求，其中海上风能的装机总量将达到 1 000 GW，占风力装机总量的 1/6。而海上风能的投资需要从现在的 200 亿美元增加到 2050 年的 1 000 亿美元。

二、波浪能

水的密度是空气的800多倍，因此与风能相比，波浪能的能量更为集中。据估计，全球冲击海岸线的波浪功率为（20～30）×10^8 kW，并且在开放海区总的波功率将大一个数量级，因此波浪能将是海洋能源发展的重点方向。

目前，世界上已有英国、美国、日本、挪威等国家和地区在海上建了50多个波浪能发电装置，其结构形式、工作原理多种多样。目前，欧洲的波浪能发电技术整体处于领先地位。

英国拥有11 450 km的海岸线，拥有丰富的波浪能资源，其波浪能大约占欧洲总波浪能资源的35%。英国全国的波浪能储备每年可产生69 TW•h的能量，最大可转化成27 GW的电能功率。得天独厚的地理环境使得英国高度重视波浪能的开发，在20世纪80年代初就已成为世界波能研究中心。目前英国拥有最成熟的波浪能发电设备Pelamis（“海蛇”）和Oyster（“牡蛎”）波浪能发电装置，前者已实现商业化运行。2007年，葡萄牙政府以每台约30万人民币的价格，向英国海洋能源公司购买了30台“海蛇”，建成了世界首座商用海浪能发电厂。然而，推出“海蛇”筏式蛇形波能发电装置的英国Ocean Power Delivery（OPD），却因未能获得足够的资金，于2014年被迫破产（王燕等，2017）。

2012年10月，美国首个商业化波浪能发电装置在俄勒冈州投入运行。目前，美国已经掌握了接近商业化的波浪能发电技术，最具有代表性的是美国电力技术公司制造的PowerBuoy（浮标动力)发电设备,这些设备已经在一些美国海洋波浪能开发项目中投入使用(王燕等，2017)。

在海洋波浪能收集方面,澳大利亚的Carnegie Wave Energy公司建立了一种摆动式浮标,利用水波运动驱动海底的泵通过一个闭合的环来传递流体,并延伸到大约3 km的岸边,带动发电机产生电力。

澳大利亚拥有世界最长的海岸线,具有巨大的海洋能源开发潜能。澳大利亚有许多致力于波浪能研究的大型公司,这些公司有着成熟的研发经验和丰富技术积累,为世界波浪能资源的开发和利用做出了巨大的贡献,如Energetech有限公司、Oceanlinx公司、澳大利亚海洋资源技术公司(OPTA)。Oceanlinx公司研制了振荡水柱式波浪能系列装置MK1、MK2、MK3,并且MK3于2010年在澳大利亚肯不拉进行最后试验后成功并网发电,为当地居民供电2个月。

虽然理论上波浪能资源潜力巨大,但仅位于地球上存在足够高的波电势区域,如欧洲的西海岸、英国的北部海岸以及北美洲和南美洲、南部非洲、澳大利亚和新西兰的太平洋海岸。此外,波浪能最高的区域多位于远离陆地的深海区,如南大洋。因此,目前的波浪能开发技术只能利用波浪能资源的一小部分,既不成熟,也没有广泛商业化。尽管这些技术可以覆盖陆上、近岸和近海应用,但目前绝大多数的波浪能发电装置仍处于原型演示阶段,难以预测哪种技术将成为未来商业化最普遍的技术。目前,波浪能商业化的主要障碍是波浪能装置投资的高成本和海上复杂而恶劣的海况带来的高风险。

三、温差能

1881年,法国科学家阿松瓦尔(J. d'Arsonval)首先提出温差能利用的设想。1926年,其学生克劳德(G. Glaude)成功进行了首次温差能发电的原理实验。1929年,克劳德在古巴马坦萨斯海湾建成一个海洋温差能发电(OTEC)装置,输出功率为22 kW,但由于抽取冷水的水泵消耗功率过大,当时发出的电力尚不能满足水泵的需要(王传崑, 2009)。

美国从20世纪60年代开始温差能发电的研究,并于1979年8月在夏威夷建成首个温差能发电的装置。该装置额定功率50 kW,净输出功率18.5 kW,系统验证了温差能利用的可行性。此后,美国政府大力支持温差能发电的研究,将温差能作为美国能源的重要补充,完成了10×10^4 kW、16×10^4 kW和40×10^4 kW的温差发电站设计,并计划到20世纪末时实现$1\,000\times10^4$ kW的开发目标。不过,由于高昂的成本、较低的能量转换效率以及冷水管的材料、运输与安装上的技术问题难以得到解决,美国的预期目标未能实现(王传崑, 2009)。

总体上,在世界温差能研究领域,美国与日本的技术最为先进,曾先后建了多个温差能电站,但多是示范性的。1981年,日本在太平洋赤道附近的瑙鲁共和国建成100 kW实验电站。该电站建在岸上,将内径70 cm,长940 m的冷水管沿海床铺设到550

m 深海中。最大发电量为 120 kW，获得 31.5 kW 的额定功率。2013 年 3 月，冲绳县久米岛 50 kW 海洋温差能发电站首次发电成功（岳娟等，2017）。以美国洛克希德·马丁公司和马凯公司为突出代表的公司，多年来一直致力于海洋温差能开发利用技术的研发，完成了大量的实验和测试，拥有多年的研究基础和经验。2010 年，马凯公司在美国夏威夷自然能源实验室（NELHA）建成 OTEC 热交换测试系统。2014 年，安装完成透平发电机及两台换热器，建成 100 kW OTEC 示范电站。2015 年 8 月，该电站试发电成功并联网，成为全球第一个真正的闭式温差能电站，并成功并入美国国家电网（岳娟等，2017）。2015 年，美国计划继续在夏威夷建造一个 100 MW 浮式温差能电站。

2009 年以来，法国国有船舶制造集团（DCNS）在法属留尼汪岛进行了 10 MW 岸基式温差能发电站的研发测试。2015 年，DCNS 与 Akuo 能源公司合作，计划在法属马提尼克岛建造 16 MW 漂浮式 OTEC 电站。

2015 年，印度海军计划在安达曼—尼科巴群岛，通过建立 20 MW 的 OTEC 发电基地，为该生态岛供电。

2016 年 3 月，国际领先的船级社——法国国际检验集团（BV），首次原则上批准韩国船舶与海洋工程研究院（KRISO）设计的 1 MW 海洋温差能发电站。该 OTEC 电站建造完成后，将安装于南太平洋基里巴斯共和国南塔瓦海岸，形式为漂浮式离岸安装（岳娟等，2017）。目前，韩国兆瓦级温差能电站已经建成并进行了相关的试验。

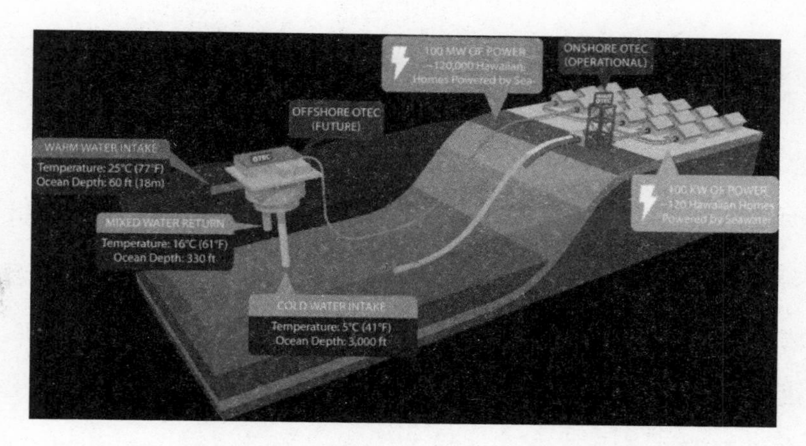

图 3-1　马凯公司拟在夏威夷建造的 100 MW OTEC 发电站模型

总之，近年来，国外温差能开发利用技术取得了实质性进展，海洋温差能产业化进程正在不断加快，这很大程度上得益于人类的科技进步。尽管如此，高昂的投资成本以及较低的换热效率及运行可靠性仍是制约其发展的重要原因。现有热交换器换热效率及其在海洋环境中运行可靠性较低，是制约海洋温差发电高效换热器发展的主要技术难题。

四、潮汐能

潮汐电站是利用潮汐来发电的装置、设备和设施的总称，将海洋潮汐能转换成电能。目前，全球潮汐能发电站的理论总装机量可达 $4\ 370\times10^{4}$ kW，年发电量为 6.4×10^{8} kW·h 时，开发利用潮汐能是未来新能源规模发展的新趋势。建立大型潮汐电站可有效地降低单位发电成本，很多国家都致力于大型潮汐能电站的兴建，预计未来 10 ～ 15 年将会建成百万千瓦级的潮汐发电站。

国外对潮汐能发电的研究已有一百多年的历史。世界上第一座潮汐电站是朗斯潮汐电站（Rance Tidal Power Plant），位于法国朗斯，从1960年到1966年建造了6年，装机容量240 MW。欧洲拥有丰富的潮汐能资源，在开发利用潮汐能方面一直走在世界前列。英国有八处地点适合潮汐发电，估计其潜能促以满足该国20%的电力需求。韩国潮汐能技术进展很快，其2011年建成的装机容量为25.4×10^4 kW的始华湖潮汐发电站是当前世界上最大的潮汐电站。目前世界上最大的潮汐发电项目——MeyGen在苏格兰北部彭特兰湾（Pentland Firth）建造，装机容量398 MW，预计2021年竣工。拟建中的俄罗斯勘察加半岛品仁纳湾潮汐电站（Penzhin Tidal Power Plant Project），装机容量达87 100 MW，年发电量可达200 TW·h，将成为世界上最大的潮汐电站。品仁纳湾潮汐电站一旦，建成将是目前三峡发电站的装机容量的四倍。

潮汐能发电的最大挑战在成本。潮汐能发电具有波动性和间歇性，输出功率变化大，潮汐发电机组利用效率不高，间接抬高了发电成本。此外，机组、设备折旧等资金投入也不可小觑。已投入商业运营的电站项目都是靠政府补贴维持。目前潮汐电站大规模上项目还比较困难，世界各国潮汐发电成本差不多都在2元/（千瓦·小时）。潮汐发电要开启大规模商业应用，还需克服重重难关。为降低潮汐能发电站的发电成本，一些潮汐能发电站利用潮汐能产生的热量，以海水和空气作为原料生产氢、氨或甲醇，以液化的方式贮存并供应市场。

五、潮流能

潮流能作为海洋能的一种，资源丰富，具有良好的开发前景。据联合国科教文组织权威统计，全世界潮流能理论可开发量超过 6×10^{9} kW。近十年来，潮流能开发在世界范围内取得了较大的进展，多种潮流能转换装置处于示范研究或准商业化推进阶段。以英国为代表的欧洲国家掌握的发电技术代表着国际最高水平。自 2008 年 5 月英国 MCT 公司建成首台兆瓦级（1.2 MW）的潮流能发电装置 SeaGen 后，又有多台兆瓦级潮流能发电装置建成，如 Altantis Resources 公司的 1 MW 装置 AR1000、Hammerfest Strøm 公司开发的 HS1000 等。加拿大最新下水试验的潮流能装置单机装机容量达 2 MW（张理等，2016）。

截至 2014 年初，世界上还没有商业化运行的潮流能发电阵列，几乎所有的潮流能装置都被布放在指定的测试场进行单机原型测试。潮流能装置的开发和测试数量处于上升状态。英国位居前茅，成为潮流能技术研发和示范的中心，挪威、韩国、美国、加拿大等也有了重要进展。最先进的潮流水轮机的开发商正在典型的、具有商业价值的潮流能海域进行原型样机的测试和示范。

六、盐差能

盐差能具有能量密度高、总能量大的特点，但是开发利用难度大、费用高。盐差能的开发将对河口航运、渔业产生重要不利影响，还会导致河口泥沙淤积、鱼类洄游受影响等诸多棘手问题。经过20世纪70年代的研究，多数学者认为，作为盐差能开发关键技术的大型半透膜，研制技术难度大、造价高。这一问题近期难以解决，国外仅有挪威和荷兰在实际应用阶段微见成效（王燕等，2018），近年已无人重视此项研究工作（王传崑，2009）。

国际盐差能技术目前仍处于关键技术突破期，渗透膜、压力交换器等关键技术和部件研发仍需突破。尤其是渗透膜技术，其成本占到盐差能发电装置总成本的50%～80%，因此，实现低成本专用膜的规模化生产是盐差能技术的发展重点（刘伟民等，2018）。

第四章
我国海洋能开发面临的主要问题

2016年原国家海洋局制订了《海洋可再生能源发展“十三五”规划》(以下简称《规划》),经过几年的快速发展,海洋可再生能源开发利用取得了很大成绩,但仍然任重道远,远远不能满足经济社会发展的需求。当前,我国海洋可再生能源的开发面临的主要挑战有以下几个方面。

一、基础研究相对薄弱

我国海洋可再生能源研究尽管起步较早,但缺乏对核心技术的掌握。整体技术水平较低,海洋可再生能源装备在能量转换效率、可靠性以及有关设备制造能力方面与国际先进水平相比有一定差距。目前,我国海洋可再生能源的研发力量分散,缺少专门从事海洋可再生能源开发利用技术的研发机构和公共研发平台。现有从事相关技术研究的科技人员散布在各大专院校和科研院所,尚未形成合力,创新力度明显不足。

我国海洋风能的开发和产业化运营相对最好,海上风电已基本具备大规模开发的条件,下一阶段的目标是通过技术创新和规模化开发,尽快摆脱补贴依赖,通过市场化方式实现快速发展。波浪能、潮流能、潮汐能和温差能的开发规模较小,且多停留在实验和示范性质,在从“能发电”向“稳定发电”转变的程度上依然不够,还没有到商业化阶段。摩擦纳米发电机技术在开发海洋波浪能方面潜力巨大,但要进入实用阶段还有很多技术困难需要克服。海洋温差能开发还存在一些技术难点,主要体现在系统循环热效率不高（朗肯循环3%），水泵系统功耗大（冷水管道直径已达10 m，不能无限扩张），设备防腐技术有待提高，排水对环境产生的影响等等。

二、缺乏产业体系的支撑

海洋能的开发是海洋经济的重要部分，除了要攻克关键的技术问题，降低海洋能开发的成本，更重要的是相关产业链的塑造，把海洋能的开发打造成一个有生机的产业，推进能源革命并进而支撑海洋强国的建设。目前，我国海洋能产业的发展才刚刚起步。除海上风电之外，其他海洋可再生能源开发技术多处于原型演示阶段，尚不能吸引企业大规模参与，距离产业化尚远。但国外在商业化方面也并未领先多少，各种海洋能开发的技术路线都处于探索期，现在还难以预测哪种技术将成为未来商业化最普遍的技术。随着新材料、新技术的突飞猛进，未来出现颠覆性的海洋能开发技术也未可知。

我国2020年之前海洋能开发的目标是提升海洋能开发技术，研发核心技术和装备，培育产业链，初步建立试验和测试标准体系，启动多个示范基地和示范工程的建设。为达到上述目标，《规划》指出，应充分发挥企业在海洋能技术创新体系中的主体地位，引导各类创新要素向企业集聚，鼓励建设海洋能国家工程技术研究开发中心和企业技术中心，全面提升企业创新动力，增强海洋能企业可持续发展能力，培育一批海洋能龙头骨干企业和专业化中小企业。依托具有创新优势的高校、科研院所和企业，创建海洋能国家重点实验室和国家工程实验室。对于海洋能开发的未来，特别是深海海洋能的开发，我国尚没有制定有关计划。

三、公共服务平台建设有所滞后

海洋可再生能源的开发投资大、工程复杂、风险高，涉及海上工程、安装维护等多个方面，建立国家级的海洋可再生能源海上试验场等综合测试平台，对促进技术转化、积累运行管理经验、推动海洋能产业化发展具有重要意义。我国在该方面经验少，有关的公共平台在建设中遇到困难，相关工作亟待加强。

此外，对于这一项全新的工作，地方政府尚未制定地方海洋可再生能源发展规划，尚未建立海洋可再生能源项目用海、用地等配套政策，未主动发挥作用。

四、海洋可再生能源的战略地位有待提高

目前我国海洋可再生能源建设的目的主要是缓解沿海和海岛地区用电紧张形势，满足沿海经济社会发展的需求。海洋可再生能源的开发主要聚焦于沿海地区，并未涉及深海大洋。但从长远来看，海洋能资源潜力最丰富的的深海大洋才是海洋可再生能源开发的主战场。深海海洋能的开发不仅有希望彻底解决我国的能源安全问题，也是解决全球能源安全问题的重要途径之一，

对于我国“海上丝绸之路”建设和“人类命运共同体”建设的伟大目标具有举足轻重的战略意义。因此,深海海洋能的开发应提高到国家战略层面予以重视和推进。

五、海洋能开发对环境的影响及环境修复方面的研究相对较弱

为了人类的可持续发展,环境保护被提升到异乎寻常的高度。《巴黎协定》的签署显示了各国政府和人民团结一致解决能源问题的决心。海洋可再生能源的使命就是解决环境与气候变化问题,因而海洋能开发的前提就是不能造成新的环境与气候问题。

21 世纪以来,经过多年的发展,海洋与海岸带承受了人类生产与开发活动的巨大压力。在兴建海洋可再生能源装置的过程中,人们对这些建设是否会进一步加剧海洋与海岸带生态环境保护的压力始终抱有许多疑问。海洋可再生能源装置可能带来诸多生态风险,如海洋生物原始栖息地缺失的危险,鸟类及海洋生物与海洋可再生能源装置碰撞的风险,噪声对海洋哺乳动物、鱼类、鸟类迁徙路线的威胁,海底能源传输电缆对海洋生物的电磁干扰,等等。

虽然多数现有的研究表明,各种海洋可再生能源装置对海洋生物的影响都被局限在较低的程度,目前尚没有明确的研究数据显示海洋可再生能源装置对海洋生物的栖息繁衍构成致命的威

胁，但如果深海海洋能的开发大规模进行，其对深海环境、海洋生态系统、海洋环流以及全球气候会产生什么样的影响，目前还难以预料。基本可以肯定的是，如果深海温差能被大规模开发，深海 OTEC 平台的大量排水必然会改变周围水体结构和水体环境，扰乱原来的生态系统。

海洋能的开发首先要消除人们对生态环境的各种疑虑和担心，有关的研究和预防性措施必须走在前面，否则海洋能的开发会遭遇严重阻碍和重大挫折。

第五章
政策建议

一、制定远景战略规划

此前,由于缺乏深海海洋能的直接利用方法,深海海洋能的开发并未引起重视。然而,氢能源时代的呼唤开辟了深海海洋能开发利用的坦途。深海海洋蕴藏的能量远超人类社会所需,通过技术突破,建设大型深海海洋能综合开发利用工程,为人类社会发展提供充足而廉价的能源供应,有望彻底化解全人类的能源危机;利用廉价海洋能实现大规模制氢,实现氢能源对化石能源的替代,可以加速推进人类社会进入低碳、绿色、清洁的氢能源时代;深海海洋能的开发还能为深海资源的开发奠定能源基础,降低深海矿产开采的成本并推动其早日实现,为缓解人类的矿产资源危机做出贡献。

深海海洋能的开发不存在基础原理上的障碍,现在的问题是开发成本过于高昂,与传统化石能源相比不具优势。而这些问题,通过技术进步完全可以解决。

“21 世纪海上丝绸之路”是我国在世界格局发生复杂变化的当前,主动创造合作、和平、和谐的对外合作环境的有力武器,能为我国全面深化改革创造良好的机遇和外部环境。习近平主席说:“中国倡议的‘一带一路’不是空洞的口号和传说,而是成功的实践和精彩的现实”。深海海洋能的开发将为“21 世纪海上丝绸之路”开辟出更为广阔的合作空间,并借此为重塑新的国际关系与秩序打下重要基础。

鉴于深海海洋能开发的重要意义,深海海洋能的开发应该提升到国家战略层面予以高度重视，制定国家深海海洋能开发专项并予以强力推进。

二、成立专业研究机构

国内海洋能开发的研究力量薄弱而分散，而且几乎所有的研究力量都聚焦在近岸海洋能的开发上，深海海洋能的开发需要从零起步。相比于美、欧、日、韩等国家和地区，我国在深海温差能和波浪能资源开发的众多关键核心技术上已经远远落后，最重要的是我国尚没有专业的海洋能开发研究机构。亟须整合国内相关研究力量，通过国家科技专项的引领，成立综合性的深海海洋能开发研究机构，对深海温差发电、波浪能发电、深海浮动平台及制氢技术进行研发攻关，奋起直追，以期跻身深海海洋能开发的技术前沿。

深海海洋能的开发还有许多关键技术需要攻关。在波浪能利用方面，王中林院士发明的摩擦纳米发电技术是波浪能发电技术的革新，具有极为广阔的应用前景。但从技术的实现到产品的实现还相距甚远，亟须国家加大投入，集合各专业研发力量推动该项技术的快速进步，使我国能够首先推出成熟产品，并占领摩擦纳米发电技术的前沿及相关产业链的上游。常规波浪能发电技术也需要更进一步，要能适应狂风巨浪的挑战，并稳定发电。深海温差能发电前景最为广阔，是未来深海海洋能开发的重点，但极低的能量转换效率是最大的阻碍，亟须开发更为高效的能量转换技术。未来OTEC平台的规模达数平方千米，是数百个小型OTEC平台的集合体，其最大的挑战在于平台除了要具有高度的安全性和稳定性之外，还要具有高度的机动性，能机动灵活地调整速度和方向，规避岛屿、陆地、恶劣海况及其他突发情况。电解制氢技术早已成熟，但是海上发电制氢技术仍需攻关以进一步提高效率，氢气的存储与运输技术及相关设备都需要进行研发。如果要建设深海海底输气管道，那也是一个工程技术方面的艰巨挑战。上述技术难关都需要成立大规模专业研发队伍，持续多年努力才可能攻克。

就目前技术水平而言，至少10年之内，深海海洋能大规模开发的梦想可能还难以实现。所幸人类社会正迎来一场新的科技革命，新材料、新技术层出不穷，人工智能、物联网技术以及通信技术的进步，将会极大提高深海海洋能发电的效率，降低深海发电系统的建设与运营成本，从而推动深海海洋能开发早日实现。

三、打造国际合作平台

深海海洋能开发的主战场位于广阔的国际公海，需要联合世界各国一起开发，成果也要由世界共同分享。深海海洋能的开发也是一项艰巨的系统工程，最终在全球打造氢能源供应系统，需要巨大的资金、人力和基础设施投资。其关键技术复杂，建设周期长，其运营和维护也需要各国通力合作。

深海海洋能的开发应该作为一项公益事业，在联合国指导下进行。深海海洋能的开发需要以“人类命运共同体”理念为指导，吸引所有国家加入,“百川入海”。深海海洋能的开发需要创造国际合作的新模式，打造国际合作的新平台，开启人类合作的新局面。通过深海海洋能开发国际合作项目的开展，推动人类文明化解纷争，和谐共处，共建人类命运共同体。

第六章
深海海洋能开发国际合作专项建议

一、实施深海海洋能开发的必要性

2018年，煤炭、石油和天然气等化石能源占我国一次能源消费总量的85.7%，水电、核电、风电、太阳能等非化石能源仅占我国一次能源消费总量的14.3%。我国承诺到2030年将非化石能源的消费比例提升到20%，到2050年提升到50%。根据国家电网发布的《中国能源电力发展展望2018》，到2050年，我国电力需求的上限约为14×10^{12} kW·h，约为现今水平的2倍；到2035年，非化石能源在一次能源总量中的占比超过36%，2050年超过50%。2030年前，非化石能源以核电和水电为主，此后风能和太阳能发展迅速，并在2040年后成为非化石能源的主力。

2018年我国电力总装机量19×10^{8} kW，2050年之前电力装机总量将持续增长。在常规转型情景与电气化加速情景下，到2030年，我国电力装机容量将分别达到28.7×10^{8} kW和36.3×10^{8} kW；到2050年，装机容量将分别达到44.3×10^{8} kW和57.5×10^{8} kW。新增装机容量将以光伏、光热、陆上风电和海上风电为主，气电、核电和生物质能发电均有一定增长，水电比例保持稳定，而煤电比例逐渐降低。在这一远景中，到2050年时，海上风电占一定比例（2.2%～5.4%），海洋能发电微不足道。

在可再生能源中，我国水电的开发已接近饱和，未来增长潜力不大。核电尽管是一个重要的选项，特别是第四代核电技术安全性大大提升，但我国铀矿资源并不丰富且品位不高，需要大量依赖进口。且核电站都位于沿海发达地区，随着环保观念的增强，核电的大规模推广也不现实。更为清洁的核聚变才是核能的未来，但中期内还看不到应用的前景。风电和太阳能中短期内承载了能源革命的所有希望。据刘吉臻院士分析，我国中东部陆上分布式电源开发潜力仅有 1.7×10^8 kW；我国海上风电储量相对较大，可开发资源约 5×10^8 kW。但从海上风电装机进度来看，预计到2035年总装机容量将达 1×10^8 kW，2050年达 2×10^8 kW。风电的装机容量将主要依赖于西北地区，但风力的季节性特征太明显。太阳能发电尽管有很多优势，但是受昼夜因素影响大，而且能量密度低，占地面积广。多方面评估下来，至少到2050年之前，煤炭在我国一次能源消费中仍然会占据较大的比例。

《中国能源电力发展展望2018》中期望由我国陆地国土上的化石能源和可再生能源扛起未来我国所有的能源需求。从能源安全的角度来看，这一设想并无不可。但是，从21世纪深海资源大规模开发的前景来看，如果到2050年时，我国能源消费中完全没有来自深海的能源，海洋强国的目标将何以实现？从被誉为“终极能源”的氢能源的未来发展趋势来看，到2050年时，氢能源将在许多国家能源消费中占较大比例，而我国氢能源占比较小且还大量依赖煤炭，我们又如何建成社会主义现代化强国？

要实现中华民族伟大复兴的中国梦，在21世纪深海资源的开发中，我国绝对不能落后。在海洋能和海底矿产之间，海表能源（波浪能和温差能）的开发显然比海底矿产的开采更易实现，也会更早实现。因此，考虑到深海能源与海底资源的开发前景，考虑到氢能源时代的呼唤，把能源消费的重担全部压在我们的陆地国土上完全没有必要。放眼世界，浩瀚的国际公海大洋上取之不尽、用之不竭的海洋能资源整日闲置浪费着，这不符合人类的利益。随着人类科技水平的快速提高，第四次科技与产业革命的序幕已经开启，深海海洋能大规模开发和利用的条件日益成熟，并会在不远的将来成为现实。在这方面，我们国家不能落后。

短期来看，深海海洋能的开发成本过高，还有许多技术难关需要攻克。但这些问题一旦解决，就有可能一劳永逸地解决我国乃至世界的能源消费与安全问题。2018 年，我国进口石油达到创纪录的 4. 619 亿吨，花费 1. 58 万亿元人民币，全国油气勘查与开采投资也分别花费了 636. 58 亿元和 2 031. 06 亿元。两项相加，2018 年我国在化石能源获取方面的投资至少达到 1. 84 万亿元人民币，未来这一数字还会继续增长。这不仅是国家发展的沉重负担，而且提高了国民经济可持续发展的风险。

据 IEA 的《New Policy Scenario》(《新政策方案》)，2040 年，全球能源需求将较 2018 年增长 25%，在这期间，每年都需要超过 2 万亿美元的新能源投资。加大新能源领域的投资已是时代潮流，而深海海洋能应该是重中之重。从现在开始，如果我们拿出一年的油气购买与勘探费用(1. 84 万亿元)来支撑未来 15 年深海海洋能开发技术的研究，即每年投资 1200 亿元，力争在深海海洋能开发中取得突破，在深海海洋能开发产业链中居于上游，并借此解决国家的能源需求问题，保障国家能源安全，助力国家能源生产和消费革命，早日进入氢能源时代，并助推海洋强国的实现，那么这将是一笔非常划算的投资。如果这笔投资联合世界各国共同进行，并吸引广大的能源生产与消费企业加入，我国的投资风险与投资总额还将大大降低。

总之，深海海洋能的开发将是人类社会能源消费结构转型下的必然选择。

二、深海海洋能开发的可行性

深海区波浪能来自于风力的传导，而风力来自于太阳辐射，温差能则是海洋长期存储的太阳辐射能。因此，深海海洋能的开发归根结底是太阳能的利用，而且是利用太阳能的最佳途径。深海广阔的面积可以接收全球50%的太阳辐射，其能量补充功率高达1012 kW，是全球装机容量的数千倍。海水接收的太阳能绝大多数以湍流的形式耗散掉，对人类毫无用处。所以，开发一定量的海洋能，从总体上对海洋的影响可以控制在很小范围之内，理论上可以做到深海海洋能开发与海洋环境保护的平衡。

波浪能和温差能的开发技术早已实现，只是与传统化石能源相比还不够经济，竞争力不足，需要进一步提高能量转换效率、提高发电功率和降低成本。长期以来，深海海洋能的开发主要是为了解决海上岛屿的电力需求，应用市场过于狭小，因而难以吸引企业大规模投入，多年来进展缓慢。氢燃料汽车的飞速发展为深海海洋能的利用开辟了出口。借助浮动平台，利用深海海洋能发电制氢，并由专用运输船只或海底输气管道输送到陆地作为燃料或工业原料，从而为深海海洋能的利用开辟出广阔的市场空间，仅从我国汽车燃油的替换来讲也是一个价值数万亿的市场。氢能源时代的到来给深海海洋能的开发创造了一个重要的有利条件。

深海海洋能的开发需借助海上固定或移动浮式平台来实现，开发的主要对象为波浪能和温差能，也可以开发一定的风能和太阳能资源作为补充。平台本身的设计需要解决相关的海上设施的建设、运行和维护问题。在浮动平台方面，现有的技术和施工工艺已可以构建一座至少 100 MW 容量的 OTEC 浮动平台。平台可以移动，并且有 30 年的运行寿命和承受强烈风暴的能力。石油钻井行业在海上平台的系泊和锚固方面已积累了大量的技术。目前，只要具有标准的电力模块设计、紧凑型不锈钢或铝钎热交换器，以及其他关键部件如冷水管和海底电缆，一个 50 ～ 100 MW 的 OTEC 商业工厂便能以符合成本效益的方式进行设计、建造、部署和运作。但我们希望通过技术进步以及扩大平台规模，将单个平台的总功率再提高 10 倍乃至 100 倍。

海洋波浪能的开发方面也有多条技术路线，未来哪种技术能够胜出尚不能确定。摩擦纳米发电机技术变革了波浪能利用的原理，极大地提高了波浪能的利用效率，显示出很大潜力，但想要实现长时间可靠运行，还有许多关键技术问题有待解决。在水动力性能理论研究、模型试验、纳米发电结构设计等方面要进行大量的工作，并积累实践经验，如研究提高纳米发电材料的耐久性与抗腐蚀性，研究布线结构和传输抵御风暴及恶劣环境，等等。同时要考虑规划发电网位置和大小，尽量减少对航运、海洋生物与生态的影响(佚名，2017)。

浮动平台既可以是固定式的，也可以是漂浮式的。锚固式浮动平台可以建造在无人岛屿、生物礁岛屿或暗礁的周围。我国南海的生物礁环礁区以及深海大洋岛礁区是非常适宜的布设地区，多个平台可以布设在环礁外的海面上，综合利用温差能、波浪能以及太阳能和风能发电，电力经特制电缆输送到岛屿或礁盘上的制氢工厂。每一个环礁的礁湖都是天然良港，可以停泊运氢船只，这些船只可以由液化天然气(LNG)船改造后运输压缩氢气。最大的问题是，大量平台的布放很可能会对生物礁生态系统造成不利影响，需要进行严格的环境评估分析，确保不利影响在可接受的范围之内。

在没有岛屿的深海大洋上，海洋能的开发需要借助于移动浮式平台进行，这可能是最主要的解决方案。这些平台会随海流或风浪跨洋移动，需要沿海国家间建立良好的合作机制。为了规避恶劣的风暴海况、进入浅海区以及相互碰撞等事故，平台上需安装动力系统，可以实现平台的自主移动。为便于维修，平台设计上要做到较容易组合和分离，即每一个大型平台都由多个小型平台组合而成。广阔的太平洋、印度洋和大西洋都可以布设大量的此类移动平台。

但对波浪能而言，最具前景的区域在南大洋地区，那里地处西风带，风大浪急，而且平台可以随风浪绕南极大陆不停旋转，不会聚集在某一处，因而可以在南大洋上间隔布设很多个浮动平台，以最大程度的开发利用海洋波浪能资源。

在平台研制方面，我国第一个海上核动力项目HHP25平台已取得重大进展，其部分科技成果可作为深海发电浮动平台的基础。考虑到深海核泄漏事件的严重后果，建议深海发电平台通过自身能源实现机动，尽可能避免使用核动力。

新材料和新技术的进步，如石墨烯、5G、人工智能、机器人技术、纳米技术等，为深海智能发电平台的研发创造了条件。平台上安装大量的传感器，不同设备间可实现互联互通，实时传输各类数据；由智能机器人对设备进行维修和保养，工作人员通过远程实时监控即可。

深海海洋能发电的潜力毋庸置疑，但是要以保护环境和生态为前提，资源开发储量要经过严格的科学评估。海洋温差能发电的能量利用效率太低，远远不能满足大规模商业开发的需求。海洋温差能由于冷热源之间的温差较小，在20 ℃温差下，理论上最大热力循环效率为6.77%，朗肯循环效率仅为3%，混合工质高效热力循环使目前的热力循环效率提升到了5%左右（刘伟民等，2018）。

需要注意的是，深海OTEC发电平台计划布设的赤道海域，纬度低、太阳直射多、散射少，同时也是地球上太阳能最丰富的区域。赤道海域部分地区年辐照强度超过2 400 $kW\cdot h/m^2$，因而可以借助面积巨大的OTEC移动平台，将热带海域的太阳能利用起来，作为OTEC平台运行的辅助电力。

温差能的开发会导致平台周围水温下降，可能会对原生水生生物造成不良影响（兰志刚等，2018），因此最好远离生物礁区。

OTEC 工厂的吸排水量很大，一个 400×10^4 kW 的 OTEC 平台，以 3% 的热电转换效率计算，其冷、暖水排量总共约 6 500 m^3/s。如此大量的吸排水，会改变附近水域的局地海流结构，从而对海洋生态造成影响。为了减少影响，我们将根据排放海水的温度，将其排入与周围环境温度相近的水层（14 ～ 17 ℃层位）。很多不利影响可能多年以后才会显现出来，因此在开始阶段就要进行严密的规划、设计和评估。

联合国政府间气候变化专门委员会（IPCC）第五次评估报告指出，人类活动排放温室气体的 93% 以及其他活动造成的额外热量被海洋吸收，上层海洋占 60%，700 m 以下占 30%。根据调查，2018 年 7 ～ 9 月的平均值显示 90% 以上的多余热量进入了海洋，其中 200 ～ 700 m 之间的上层海洋吸收热量最多（秦大河等，2014）。这一现象会影响海洋涛动，进而影响全球气候变化。根据有关研究，1971 ～ 2010 年，海洋上层热量可能增加了 17×10^{22}J，相当于每年吸收了 4.25×10^{21}J，该值换算成海洋的吸热功率为 1.35×10^{14}W，相当于全球接受太阳辐射的总功率 1.74×10^{17}W 的千分之一。

预测到 2050 年，全球一次能源总消费约 182 亿吨标油，燃烧热量总计 7.61×10^{20} J，该值不到海洋一年增温吸热的 1/5。假若到 2050 年世界能源消费的 50% 被氢气替代，大约需要 30 亿吨氢气。假设深海海洋能发电和电解制氢的能效均为 50%，则制取 30 亿吨氢气需要 1.7×10^{21} J 的深海热量，该值也不到海洋一年增温吸热量的 1/2，更远低于海洋每年接收的太阳辐射量。因此，从理论上讲，深海温差能的开发即便满足了全球氢能源需要，也未必能扭转海洋升温的趋势。但温差能的开发相当于直接对海洋进行冷却降温，完全可能通过降低局部海表温度而缓慢影响全球气候的变化。深海温差能发电从抑制全球气候变暖的角度有一定积极意义，但对气候和环境的不利影响还有待深入评估。

当然，按照上述能量转换效率的假设，年产 30 亿吨氢气需要 236×10^{12} kW•h 电量，而 2018 年全球发电总量仅 26×10^{12} kW•h，这一目标显然很难实现。如果把目标降低到原来的 1/10，每年制取 3 亿吨氢气，按照目前的技术水平，就能支撑 30 亿辆氢燃料汽车每年跑 18 000 km，助力全球在交通运输领域全面迈入氢能源时代。

按照现有制氢工艺，中国船舶集团有限公司第七一八研究所已示范生产的电解水制氢设备单台制氢能力已达 5 000 m^3/h，单台设备全年可制氢 3 800 吨。以每个深水浮动平台安装 100 台该类型制氢设备计，在有充足电力的情况下，单座浮动平台可年产氢气 30 万吨以上。在全球布设 1 000 座发电平台，即可达到年产氢气 3 亿吨的目标。以目前电解制氢的能效 50％计，每座浮动平台的发电功率须达到 270×10^4 kW。目前，世界上最大功率的 OTEC 发电站位于美国的夏威夷，其功率仅为 100 kW，韩国已完成 1 MW 级 OTEC 发电站，夏威夷未来要建设 100 MW 的 OTEC 发电站。根据规划需要，预期建设的单座 OTEC 发电平台的发电功率还将是未来夏威夷 100 MW 平台的 27 倍，面临的技术难度可想而知，这并非平台规模的简单扩大就能实现。未来需要通过新的技术和材料科学等各方面的进步，整体提升 OTEC 平台的能量转换效率，降低成本，建设更大规模的发电平台。

三、时代背景与战略定位

随着人类社会的不断进步和人口的持续增长，人类社会愈发逼近陆地资源与环境约束下的增长极限，淡水危机、粮食危机、能源危机、资源危机、环境危机不仅向人类的可持续发展提出严峻挑战，而且直接威胁到人类的生存，向海洋索取资源是人类生存发展的必然选择。21 世纪，人类社会的稳定发展必须借助于深海资源的大规模开发和利用。

生产力决定生产关系。每一次科技革命的兴起都会导致生产力的巨大飞跃，继而引起生产关系的巨大调整和国际格局的剧烈变动。继信息技术革命之后，以大数据、人工智能、5G、量子技术、区块链等新兴技术开启的第四次科技革命正迎面而来，推动人类社会由信息时代快速向智能时代转变。毫无疑问，新的科技革命必将促进社会生产力的再次飞跃，但对社会和国际关系有何不利影响尚有待观察。基本可以确定的是，更多行业的人力劳动将被智能机器人取代，特别是从事物质产品生产的领域，而人力资源将不得不在精神产品的生产领域拓展空间。如果任现有的竞争格局继续发展，便会形成如同现今高科技领域的局面，少数掌握先进技术的跨国企业会在各个行业形成垄断，而社会财富将以更快的速度向极少数人聚集。从与智能机器人竞争的角度，绝大多数人恐怕终生难以摆脱失业状态。贫富差距的扩大对人类社会的稳定和可持续发展将是严峻挑战。由于成本的降低，制造业可能不再向发展中国家迁移，而是在科技强国内部循环发展，造成强国愈富而弱国愈穷。广大发展中国家在人口压力下的资源竞争矛盾更加激化，国际格局有陷入进一步动荡的风险。

尽管我们相信科技必将造福人类，但是如果不正视可能出现的问题，那么必将付出惨重的代价。人类的文明史也是一部战争史，但我们希望永远不发生第三次世界大战，那等于人类的毁灭。当今时代，西方文化的内在缺陷导致西方主要国家内部矛盾加剧、国势走衰，继而造成全球矛盾日益激化，人类和平与发展前景堪忧。如果不想迎来共同的毁灭，全人类唯有携起手来，开创人类社会和平、合作、共存、共荣的新文化。

习近平总书记提出的“构建人类命运共同体”的倡议是中华文明面对当前世界复杂局势给出的根本解决之道，与我国古代“天下大同”的思想一脉相承，运用共商、共建、共享理念，高举和平、发展、合作、共赢旗帜，在谋求本国发展中促进各国共同发展。其核心就是党的十九大报告所指出的“建设持久和平、普遍安全、共同繁荣、开放包容、清洁美丽的世界”。“构建人类命运共同体”倡议的落实，要寻求人类共同利益、凝聚人类共同价值，就要寻求和开辟出广阔的国际合作空间。在深海资源开发的前夜，资源丰富且占全球面积一半的深海大洋是开展国际合作、打造人类命运共同体的最佳场所。

习近平总书记的“人类命运共同体”倡议具有丰富的合作层

次和内涵。在2019年金砖国家领导人巴西利亚会晤公开会议上，习近平总书记指出："中国将继续奉行独立自主的和平外交政策，始终不渝走和平发展道路，在和平共处五项原则基础上发展同各国友好合作关系。我们致力于落实中非合作论坛成果，共筑更加紧密的中非命运共同体。我们致力于在政治、经贸、人文、国际和地区事务等领域加强同拉美地区合作，努力构建携手共进的中拉命运共同体。我们将着眼未来，深化亚太伙伴关系，致力于构建开放包容、创新增长、互联互通、合作共赢的亚太命运共同体。总之，我们愿同国际社会一道努力，朝着构建新型国际关系、构建人类命运共同体的目标不断迈进！"

深海能源与海底矿产资源是海洋中的宝贵财富，也是化解威胁人类社会可持续发展的能源危机、矿产危机和环境危机的希望所在。与深海海底矿产资源的开发相比，深海表层海洋能的开发相对容易实现，而且可以为海底矿产的开采奠定能源基础，因而应放在更为优先的位置。作为全人类的共同财富，深海海洋能的开发需要世界各国共同参与，其设计、开发、建造、运营和维护需要世界各国人民合力打造，其成果也要由世界人民共同分享。深海领域的能源与资源合作对人类是一个全新的挑战，需要集合全人类的聪明才智，打造新的合作机制，而人类命运共同体理念将是指引深海合作走向成功的重要思想指南。

为加速推进深海海洋能开发的进度，建议我国设立深海海洋能开发国际合作专项，建立深海海洋能国际合作的平台，加大深海海洋能开发的投资，凝聚各国各领域优秀科技人才，突破深海海洋能开发的系列关键技术，建立深海海洋能开发与综合利用平台，将源源不断的深海能源转化为清洁的氢能源，助力我国早日迈入氢能源时代，彻底消除能源安全隐患，并为最终化解人类能源危机做出贡献。

为避免在深海领域掀起新的“圈地运动”，加剧大国竞争和地区冲突，深海海洋能的开发合作要建立创新的合作机制，在联合国框架下进行。立足于深海能源是人类共同财产，建立公平合理的合作与分享机制，共商、共建、共享，求得国际和地区共识，通过加强区域合作化解海上权益纷争，联合打造各区域“深海海洋能命运共同体”。为此，作为负责任的大国，我国可能要背负更多的责任和义务。

2015 年 9 月 26 日，习近平总书记在联合国发展峰会上发表重要讲话，倡议探讨构建全球能源互联网，推动以清洁和绿色方式满足全球电力需求。2016 年 3 月 29 日，中国国家电网发起成立了全球能源互联网发展合作组织，加快推动全球能源互联网的建设。全球能源互联网的发展战略是：依托特高压、智能电网等先进技术，加快建设跨国跨洲电力大通道，形成“九横九纵”全球能源互联网骨干网架，打造覆盖五大洲的“能源大动脉”。

全球能源互联网的关注点主要在于陆地可再生能源的开发与互联，并未提及资源储量更为巨大的深海海洋能的开发与互联。“深海海洋能命运共同体”建设弥补了全球能源互联网的不足。深海海洋能的开发为全球能源互联开辟了能源供应的新渠道，而陆地基础设施的互联互通为深海能源的就近利用奠定了物质基础，两者刚好形成互补关系，使全球可再生能源的开发真正做到陆海一体、全球互联。

鉴于国际局势波谲云诡，地区问题错综复杂，热点冲突层出不穷，打造“深海海洋能命运共同体”必将任重道远。况且，许多技术问题还有待攻关，目前也没有一种可行的方案。国际合作可从我国周边国家起步，在南海或东亚地区展开小范围合作，探讨合作机制，攻关关键技术问题，建立示范工程，待取得成功经验后，再有序推广。

四、深海海洋能开发的初步构想

（一）热带深海温差能开发

全球温差能资源主要富集于南、北纬 20° 以内的热带海域。域内海水在东北信风和东南信风的持续吹拂下，在赤道两侧分别形成由东向西流动的北赤道暖流和南赤道暖流，遇到陆地阻隔后发生分化、折返，在靠近赤道的海域又形成南、北赤道逆流，再次浩荡东归。南、北赤道暖流与赤道逆流，以及南、北纬 2° 之间的赤道潜流构成了热带海洋上层横贯大洋的复杂环流系统。

以太平洋为例，太平洋北赤道流从加利福尼亚半岛尖端的东南部开始向西横贯太平洋，长约 14 000 km，宽度从 10° N 到 22° N，厚约 200 m，平均流速 0. 2 ～ 0. 3 m/s，冬季流速大，夏季流速小。北赤道流至菲律宾东岸，一个分支向南与南赤道流北向分支汇合成东向的赤道逆流，而主支则北上形成黑潮。由东南信风引起的南赤道流与北赤道流相对应。南赤道流东起科隆群岛附近，向西穿越太平洋，宽度在3° N ～ 20° S之间，平均流速比北赤道流大，8月份为0. 5 ～ 0. 6 m/s。在新几内亚岛附近，一个分支向北加入赤道逆流，而主流则转向南形成东澳大利亚暖流。北赤道逆流，夏季在4° N ～ 10° N之间，冬季向南移动2′左右，是世界大洋中最强的一支赤道逆流；从菲律宾外海向东流经15 000 km到达巴拿马湾，流动幅宽为300 ～ 700 km；西部流动快，东部流动慢，平均流速为0. 4 m/s，最快时达1. 5 m/s。南赤道逆流，位于5° S ～ 10° S之间，西起所罗门群岛附近海面，向东可达秘鲁海岸附近，流速也是西强东弱，在东经170° E处流速约为0. 15 ～ 0. 3 m/s。

借助于热带大洋的这一天然环流系统，在热带海域布设OTEC移动浮式平台，在大洋热带环流系统内往返移动，使得OTEC的温排水自然融入到规模更大的大洋环流系统中。与锚定式OTEC平台点状源扩散排水相比，移动浮式平台的温排水相当于在200 m深度以0. 2 ～ 0. 3 m/s的速度铺设了一层厚10 ～ 20 m、宽1 ～ 2 km的“水毯”，能够快速地被规模巨大的大洋环流所吸纳和消解，经过短暂的时间该区域便能恢复至正常状态，不会使发电平台周围局域水体环境和水体结构发生自然难以修复的根本性改变，从而减小对环境的不利影响。平台在环流系统内布设数需量根据大洋环流对OTEC温排水的消解情况而定。假若1万km^2的海区内可以布设一座300×10^4 kW的OTEC平台，仅太平洋就可布设500座以上的OTEC移动平台（图6-1），总功率达15亿千瓦，年产氢气1.5亿吨以上。由于赤道附近的热带环流系统区总体海况较好，南、北纬5°之间更是风平浪静的赤道无风带，OTEC移动平台的规模便可以做得很大，一方面使得平台总功率的扩大得以实现，另一方面还可以借助平台开发热带海域的太阳能资源，为平台运行提供辅助能源。

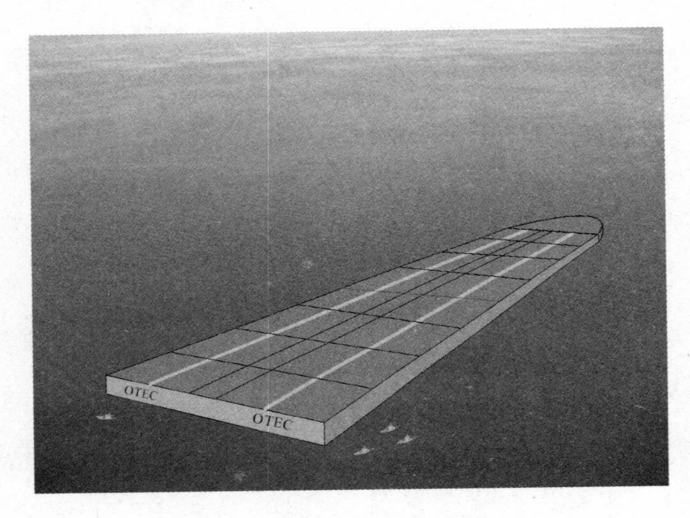

图6-1　热带大洋OTEC发电平台示意图

总功率为300×10^4 kW的OTEC平台每秒冷、暖海水的吸排水总量约5 000 m^3（冷、暖海水吸排速率均为2 500 m^3/s），相当于半条长江的平均径流量，其抽排水的功率消耗可想而知。假设管道进、排水速度为0.2 m/s，则排水管横截面积为25 000 m^2。如果把排水层厚度控制在10～20 m以内，仅这些排水管道排列起来就有1～2 km长，这要求平台的规模必须足够大。总功率为300万千瓦的OTEC平台实际上是由数百个规模较小的小型OTEC平台组合而成。

若单个小型OTEC平台的功率为1×10^4 kW，面积为1×10^4 m^2，则300×10^4 kW的OTEC大型平台需要300个小型OTEC组合在一起，总面积达300万平方米。未来OTEC平台建成后，将是一座大型海上浮岛，这必然是一项投资规模大、技术难度高的宏伟工程。

吸、放热后的海水将排入200～300 m深的次表层温度相近的水层中，这样可以最大限度地减小对海水温度结构的扰动。但海水盐度结构的扰动是难以避免的，这会对水生生物、大洋环流乃至全球气候产生什么样的影响，还需要进行科学的分析。

假若在太平洋热带环流体系内布设500座大型OTEC发电平台，单座平台的发电功率为300×10^4 kW（此为刨除水泵抽、排水功率后，用于有效制氢的电力输出功率），总功率为15亿千瓦，年产氢气1.5亿吨。以未来氢气价格10元/千克计算，每年总收益为1.5万亿元。假设平台使用寿命30年，20年内收回全部投资，则总投资要控制在30万亿元以内，则单座平台制造成本不能超过600亿元。假设单座平台成本能够控制在500亿元以内，大量的氢气需要配置海底输气管道进行输运，并在管道上每间隔100～200 km建设一个用于接收氢气的中转站。假设需要在太平洋布设80 000 km的输气管道（管道要能同时向美洲和亚洲供气，双向铺设），建设200座中转站，再假设输气管道每千米建设成本3000万元，每个中转站建设成本100亿元，此两项成本总计

3.2万亿元。这样，三项投入累计达28.2万亿，未超过30万亿元。

所以，未来热带大洋温差能发电要能够实现商业化大规模开发，除了相关技术需要取得突破之外，还必须大幅降低平台及海底管网的建设和运营成本。除了在靠近岛屿和陆地需要及时转向之外，热带大样上的OTEC发电平台平时都处于随波逐流的状态，本身耗能较少，平台漂移轨迹可以实现远程智能调节和控制，平台上仅需要很少量的工作人员，人力和运营成本较低。而且平台规模足够大，可以起降飞机，交通便捷，因而具有一定的用于海上旅游和深海养殖的潜力。

（二）南大洋波浪能开发

深海波浪能资源在全球海域的分布较广，但从实现对传统化石能源替代的角度看，唯有南大洋波浪能资源堪当大任。南大洋是世界上唯一完全环绕地球却未被大陆分割的大洋，由南太平洋、南大西洋和南印度洋各一部分，连同南极大陆周围的威德尔海、罗斯海、阿蒙森海、别林斯高晋海等组成。南大洋的北部边界多采用副热带辐合线来表示，这是一条海水等温线密集带，几乎连续不断地环绕南极大陆，表层水温12～15 ℃，呈现明显的不连续性。作为水文界线，副热带辐合线的平均地理位置随季节不同而变化于38° S～42° S之间（陈红霞等，2017）。在南大洋，除南极大陆沿岸一小股流速很弱的东风漂流外，主流就是自西向东运动的南极绕极流（ACC）。

ACC在南极辐合带与南极辐散带之间，位于35° S～65° S

区域，与西风带平均范围一致，环绕南极大陆循环流动。南极大陆附近的海水密度小于外部海域，由此生成由西向东的地转流，因此 ACC 是西风漂流与地转流合成的环流。与其他海流不同，ACC 是由两个甚至更多个与密度锋面相关联的海流组成，这使得其在整体上呈现绕极性。虽然 ACC 流速不是很快，平均流速为 15 cm/s，但随深度的增加减弱很慢。ACC 厚度很大，可从海面延伸到 2 000 ～ 4 000 m 深处，宽度可达 2 000 km。如此巨大的横截面积使海流得以大容量输送，通过德雷克海峡的年平均流量估计为 1×10^8 ～ 1.5×10^8 m^3/s（史久新等，2003；陈红霞等，2017），堪称世界最强海流。

ACC 由强烈的西风驱动。40° S ～ 60° S 之间的平均风速为 15 ～ 24 kn，在 45° S ～ 55° S 风力最强。在南半球西风带的作用下，平均每天都有两个以上的气旋在南大洋上生成，平均每年气旋数量超过 860 个（Wei et al, 2016）。每天都有多个气旋在南大洋洋面上同时存在，使得南大洋常年风高浪大，过半洋面上都是 5 m 以上的巨浪，波浪能资源异常丰富，能流密度达 60 ～ 100 kW/m（郑崇伟等，2013）。

由于南大洋气旋如此密集，南大洋波浪能资源的开发等同于大洋风暴浪的开发和利用，这是一个无比诱人的设想，但难度也是非常之大。除了要迎接狂风巨浪的考验，南大洋波浪能的开发还需要克服极地海域冰山和海冰的不利影响。特别是海冰的覆盖范围巨大，每年冬季和夏季发生大规模的进退。南大洋波浪能发电平台既要能在风暴浪中稳定发电，又要有很强的机动性，随时规避冰山、海冰、其他平台以及岛屿，因而必须采用移动浮式平台。采用移动平台还有一个重要的原因，南大洋上气旋不断，波浪能再生能力强，采用移动浮式平台可以对南大洋波浪能资源进行全海域的开发，间隔一定距离后可重新布设一批平台，从而能更有效发挥南大洋波浪能的资源潜力。不过，南大洋恶劣的海况条件对发电平台的安全性、稳定性、有效性提出了更高的要求。南大洋远离陆地且海况恶劣，平台出现故障后维修困难，因而发电平台必须具备在极地海域长期生存的能力。同热带大洋的 OTEC 平台一样，南大洋波浪能发电需要先转变成氢气才能进行运输和利用，在氢气的生产、存储和转运方面还要保证足够的安全和有效。

暂不考虑技术实现的难度，我们首先要对南大洋波浪能开发的未来情景进行大概的预测。以南大洋波浪能发电为例，发电平台在 ACC 内环绕南极大陆间隔布设，南大洋波浪能发电平台主要布设于极锋以北的 ACC 海域，这里基本在冬季海冰影响范围之外。

单个平台的规模以及所需平台的数量是需要重点考虑的问题。假设南大洋平均波能密度为 80 kW/m，波浪能发电的转化效率为 50%，如果单座平台的直径是 100 m，那么该平台的理论发电功率为 4 000 kW，5000 座平台的总功率才抵一个三峡大坝，实际投入可能远超产出，如此便失去了大规模开发的意义。因此，若要有效开发南大洋波浪能资源，可能须将单座平台的发电功率提升至 4×10^{4} kW 以上，这样单座平台捕获波浪的有效长度需在

1 km 以上。若开发 1 亿千瓦的波浪能，需布设 2500 座 4×10^4 kW 的平台，平台相距 40 ～ 50 km，几乎密集布满了 ACC，显然也不可行。

假若要在南大洋开发 2 亿～ 3 亿千瓦的波浪能资源，以使有效制氢功率达到 1 亿千瓦，单座平台的发电功率需进一步提升到 10×10^4 kW 左右，需布设 2 500 座平台。这些平台每小时可制氢 2 500 吨，年产氢气超过 2 000 万吨。由于风暴浪频发，平台所处海域的波浪能流密度实际远超 100 kW/m。此外，未来利用先进的人工智能技术，发电平台可以布设得更紧密，由多个平台组成平台阵列，加大平台布放数量，可使氢气的产量得到进一步的提升。

为便于氢气的输运，需要在 ACC 之外每隔约 100 km 建立一座大型氢气中转平台，移动发电平台与中转平台之间需要设计专门的氢气储气舱转运。氢气中转平台间用海底输气管道连接成一个环绕南极大陆的输气管网，从而使制取的氢气能够便捷、高效地传输到陆地上。南大洋波浪能发电平台网络年产氢气 2 000 万吨，以 2050 年每千克氢气 10 元市价计算，每年产值 2 000 亿元。假如平台寿命为 30 年，20 年收回建设成本，则总投入需控制在 4 万亿元以内。以此为约束，相关技术成熟后，总共要布设 2 500 座平台，铺设 3. 0 万千米的输气管道。单座波浪能发电平台的建设成本需控制在 10 亿元以内，2 500 台需要 2. 5 万亿元；每千米输气管道的建设成本需控制在 3 000 万元以内，30 000 km 管道总共需 9 000 亿元；此外，还需在管网上布设至少 100 座输气中转平台，以每座 100 亿元投入计算，共需 1 万亿。不计其他人力、运营、风险等成本，此三项累计总投入已达 4.4 万亿。如果氢气年产量能在 2 000 万吨的基础上提高 1 倍，达到 4 000 万吨，则年产值 4000 亿元，才可能具有投资价值。

因此，即便相关技术难题得以克服，也只能在发电平台和海底输气管网建设成本大幅下降之后，南大洋波浪能才能进行大规模的开发。

五、主要目标

（一）总体目标

深海海洋能开发国际合作专项的最终理想是绿色环保地开发深海能源，满足全人类社会可持续发展对清洁能源的需求，让世界人民携手迈进低碳、清洁的氢能源时代，并有效化解人类社会可持续发展的能源危机，推动人类社会共同发展，打造“深海海洋能命运共同体”，为构建人类命运共同体夯实根基。

对我国而言，深海海洋能开发的最终目标是为国民经济和社会发展提供足够的清洁能源，转变对化石能源高度依赖的能源生产与消费结构，助力我国进入氢能源时代，彻底解除对外部能源过度依赖的能源安全隐患，助力我国实现海洋强国的战略目标。

从 2020 年起，计划通过 15 年的努力，到 2035 年之前，攻克深海海洋能开发与综合利用固定平台和浮动平台的所有关键技术难题，实现首期平台在南海的商业化运营，首先建成“南海能源命运共同体”。再经过15年的努力，到2050年时，陆续建成“区域全面经济伙伴关系协定（RECP）深海海洋能命运共同体”、“太平洋深海海洋能命运共同体”、“印度洋深海海洋能命运共同体”和“南大洋深海海洋能命运共同体”，“深海海洋能命运共同体”基本成形。

对我国而言，到2050年时，使来自深海的可再生能源成为我国能源消费的重要组成部分，至少在交通领域实现对化石能源的接替，推动我国进入氢能源时代。对世界而言，深海可再生能源占全球能源消费占比大幅提升，世界能源消费更清洁、廉价、安全，推动全人类命运更休戚与共，紧密相连。再经过20～30年的努力，“深海海洋能命运共同体”更加完善，来自深海的海洋能资源更加廉价和丰富，彻底解除世界能源危机。

在海洋能资源的选择上，深海海洋能的开发主要瞄准赤道附近海域的温差能资源和南大洋波浪能资源。在技术路线上，由小型固定平台向大型固定平台和大型浮动平台演进，最终在全球大洋布设上万座大型深海海洋能发电制氢浮动平台，为全球经济发展提供源源不断的氢能源。

（二）分阶段目标

“深海海洋能命运共同体”的建设要分区域、分步骤完成。

第一步：联合南海周边国家和地区，打造“南海深海海洋能命运共同体”；

第二步：以中、日、韩为核心，在RCEP内部打造“RCEP深海海洋能命运共同体”；

第三步：围绕“21世纪海上丝绸之路”战略，借助亚太经合组织、“中国－太平洋岛国经济发展合作论坛”、金砖国家合作机制、中非合作论坛、中国－拉共体论坛等区域合作机制，与太平洋和印度洋周边国家联合打造“太平洋深海海洋能命运共同体”和“印度洋深海海洋能命运共同体”；

第四步：联合欧、美国家和非洲、南美洲国家，打造“大西洋深海海洋能命运共同体”；

第五步：联合世界所有愿意参与的沿海与内陆国家，在联合国框架下，在波浪能最丰富的南大洋海域打造“南大洋深海海洋能命运共同体”，全球“深海海洋能命运共同体”基本成形。

深海海洋能命运共同体的建设没有排他性，欢迎任何国家积极加入，遵循共商、共建、共享的丝路精神。

六、重点任务

（一）“南海深海海洋能命运共同体”

以《南海行为准则》为基础，本着“搁置争议、联合开发”、“共商、共建、共享”的原则，与南海周边国家深化合作，设立“南海海洋能合作开发与综合利用工程”，联合打造“南海深海海洋能命运共同体”，共同开发南海的深海海洋能资源。

“南海深海海洋能命运共同体”是“全球深海海洋能命运共同体”建设的示范和先导项目，需要攻克深海海洋能开发的关键技术，降低开发成本，使深海海洋能的开发达到商业化水平，建立深海海洋能开发与综合利用的示范工程。

应尽快成立深海海洋能开发的研究机构，将国内分散的研究力量集结起来，加大投资力度，对深海海洋能开发的各类技术路线协同攻关，从可行性、必要性、风险评价、环境影响等各个层面开展研究。同时，向国外有关研究机构和个人高度开放，积极吸引全球最优秀的有关领域专家加入，开展全方位的交流合作。尊重和保护国外知识产权，积极吸收利用一切可以利用的成果，避免无谓的重复研究，加快研发进度。

确立企业在深海海洋能开发中的主体地位，积极调动和发挥相关企业的积极性和主动性。我国政府要为企业界描绘深海能源开发的美好前景，积极开展国际合作，为各类企业的加入创造条件，鼓励有关企业加大投资和研发力度。同时，发挥政府协调作用，将“政产学研用”各方力量有机结合在一起。

在联合国框架下，尽早发布“深海海洋能开发国际合作倡议”，呼吁各个国家展开合作；在每年召开一次深海海洋能开发国际论坛或深海海洋能命运共同体论坛，加强交流与合作。

攻克深海海洋能发电装置在高效转换、高可靠性和低成本建造上的关键技术难关；使用新材料和新技术，打造海上无人智能浮动平台；攻克海上平台高效制氢与存储等方面的关键技术难关；研发海上浮动平台抗风暴、抗腐蚀和生物附着技术；研究深海海洋能开发装置对海洋生物和海洋环境的不利影响，并进行有针对性的改善。

通过多方协商，确立南海深海海洋能开发与利用合作机制，联合成立运营公司；联合南海周边各国，在西沙群岛、中沙群岛和南沙群岛建立深海海洋能测试平台和研究基地；建立海上浮动平台制造厂和维修基地；实施南海深海海洋能发电与制氢浮动平台示范工程；打造氢能源运输网络。

争取在2030年之前，突破深海海洋能发电与制氢等相关技术，筛选出经济可行的技术路线；到2035年，完成首批深海海洋能发电与制氢浮动平台的建造，实现深海海洋能制氢；到2040年，在南海海域部署100台海洋能发电与制氢浮动平台，并进行平台的升级改造，扩大平台面积，提高海洋能利用和制氢能力；到2050年，在南海海域继续增加海洋能发电平台数量，助力南海周边各国进入氢能源时代。

（二）“RECP深海海洋能命运共同体”

习近平总书记出席博鳌亚洲论坛2015年年会时提出了“通过迈向亚洲命运共同体，推动建设人类命运共同体”的倡议。经过多年的谈判，由东盟国家提出的区域全面经济伙伴关系协定RCEP准备于2020年签署协议。中日韩自贸区谈判全面提速，商定在RCEP的基础上，进一步提高货物贸易、服务贸易、投资自由化的水平和规则标准，打造“RCEP+”的自贸区。与此同时，欧美地区则忙于脱欧谈判和贸易战，内部经济发展停滞，转型困难，内耗严重。此消彼长下，至少在未来二三十年内，亚洲仍然会是世界上经济增长最快的地区，自然也是能源需求增长最快的地区。

东亚、东南亚国家普遍能源匮乏，进口需求量大，对外依存度高，不同程度地面临能源安全挑战。中国目前是世界第一大石油消费国和进口国；日本的能源基本上都需要进口，是世界第三大的石油消费国；韩国则是世界第五大石油消费国；越南、印度尼西亚这些东南亚人口大国同时也是能源进口大国。能源危机与能源安全是东亚和东南亚国家共同的问题，东亚各国理应在能源安全上开展广泛的合作。然而，现实情况是各国疏于协调、各自为政，不仅没有形成合作体系，反倒是一种相互竞争的关系。日本和韩国都制定了远大的氢能源发展目标，而深海海洋能的开发将是其氢能源战略成功实现的基石。所以，RCEP 国家，特别是中、日、韩，在能源安全领域都有着深切的合作意愿，在深海海洋能开发上有着广阔的合作空间。

需要注意的是，在深海海洋能的开发和利用方面，日本和韩国均走在我国前面。2013 年，日本冲绳海洋深水研究院在冲绳县久米岛建成 50 kW 海洋温差能发电站。韩国船舶与海洋工程研究院设计的 1 MW 海洋温差能发电站，已在赤道附近的太平洋岛国基里巴斯共和国建成，是首个可实用的此类电站，为 100 MW 商业化电站的建设奠定了基础。在氢能源汽车方面，日、韩车企也在全球处于领先地位。与日、韩在深海海洋能领域的合作是一种互利的合作关系。

在 RCEP 内开展深海海洋能开发的合作，将闲置的深海海洋能利用起来发电制氢，将极大缓解各国对外部进口能源的依赖，也有利于各国降低碳排放，使能源消费更加绿色、清洁，早日进入氢能源时代。

10 年以内，我国国内生产总值大概率超越美国，对亚洲乃至全球的影响力会进一步增强，将成为亚洲各国，特别是东亚地区无可争议的核心和经济发展的龙头。由于域内国家深受中华传统文化的影响，经济联系和相互依赖的增强将推动政治和军事关系的靠近，有利于缓解地区矛盾和冲突，推动区域经济的一体化。在深海海洋能开发领域建立合作关系，共同开发深海能源，推动各国经济可持续发展，打造互利共赢的“RCEP 深海海洋能命运共同体”，是 RCEP 国家共同的需要，是正义而美好的追求，也必将能跨越各种阻碍成功实现。

“RCEP 深海海洋能命运共同体”的打造将充分利用现在各国的产业链合作基础，充分发挥各国优势与所长。“RCEP 能源命运共同体”的建设要逐步推进，先构建中、日、韩氢能源开发命运共同体，突破系列关键技术，形成产业示范，再逐步向 RCEP 国家辐射推广。在合作与分享机制上，各国要充分协商，大国、强国和具有区位优势的国家要适当让步，在成果分享上综合考虑投资、人口、技术贡献、领海贡献、基础设施贡献等方面公平分配，既要各国人民享受到廉价的能源，又要兼顾到开发企业的效益。

（三）“太平洋深海海洋能命运共同体”

太平洋面积约占全球总面积的一半，广阔的深海大洋区蕴藏着丰富的海洋能资源，海底蕴藏着丰富的锰结核、富钴结壳等矿产资源。太平洋深海海洋能的开发不仅能为周边各国的发展提供源源不绝的清洁能源，也会为深海资源的开采提供廉价能源和电力支撑。

太平洋深海海洋能的开发将为太平洋岛国带来新的发展机会，并可能一跃而成为全球重要的氢能源供应基地，以及重要的深海浮动平台的设备维修和保障基地。太平洋岛国作为中国外交大周边的“六大板块”之一，已经成为“一带一路”和“人类命运共同体”建设不可忽略的重要组成部分。2018 年 11 月，习近平总书记同太平洋岛国领导人在巴布亚新几内亚举行会晤，一致同意将双方关系提升为相互尊重、共同发展的全面战略伙伴关系，开启了中国同太平洋岛国关系的新阶段。

在与太平洋岛国的海洋能开发合作方面，我国要尽早开展布局，积极与相关国家展开互利合作。借助于“中国—太平洋岛国经济发展合作论坛”，全方位推进与太平洋岛国的合作关系。

对我国而言，要开发太平洋赤道海域温差能资源，构建“太平洋深海海洋能命运共同体”，合作对象除了域内的太平岛国之外，美国、日本、韩国、澳大利亚、新西兰、印度尼西亚、菲律宾、巴布亚新几内亚、墨西哥、厄瓜多尔、秘鲁、智利，以及在该区拥有海外岛屿的法国和英国也是重要的合作对象。

“太平洋深海海洋能命运共同体”的建设，要以“东亚深海海洋能命运共同体”或“RECP 深海海洋能命运共同体”为基础，由多国联合体出面与西太平洋岛国、美洲诸国开展合作，成立太平洋深海海洋能开发合作组织，发挥各方优势，由各方政府、企业出资成立专业开发公司，共商、共建、共享。

（四）“印度洋深海海洋能命运共同体”

位于印度洋西北部的波斯湾地区是世界能源宝库，蕴藏着世界石油储量的58%和天然气储量的35%。然而，除此之外的印度、巴基斯坦、孟加拉国以及东非诸国都是能源匮乏的国家。其中，印度作为域内最重要的国家之一，人口超过13亿，经济发展迅速，已是世界第三大能源消费国，其国内能源需求的1/3依赖进口，其中石油80%依赖进口，能源安全问题较为突出。

印度洋关乎许多国家的贸易通道安全。中国是世界第一大货物贸易国，其中航经印度洋的贸易量约占对外贸易总量的40%。此外，东亚诸国如日本、韩国、泰国、新加坡等，也非常依赖印度洋海上航线，每年通过印度洋进口大量原料、出口大量产品。中国约80%的进口石油、日本约70%的进口石油都需航经印度洋。

印度洋周边多为发展中国家，且经济发展水平、社会政治制度、文化生活习俗相差较大，缺乏充足的公共资源，是海上非法活动、恐怖活动乃至武装冲突的多发区域。从非洲东海岸、中东一直到南亚、东南亚，许多国家都饱受恐怖主义危害，经济和民生受到严重影响。

鉴于印度洋重要的战略地位，国际社会日益认识到一个和平稳定的印度洋关乎国际贸易通道安全、能源安全，关乎相关国家的人员安全，合作才是各国的唯一正确选择。

然而，美国为维护其霸权地位，近年来提出“亚太再平衡战略”及后续的“印太战略”，积极推进美、印、日、澳四国军事合作，利用价值观、外交、军事等手段遏制中国的目标非常清晰。

对于美国的战略意图，其他国家并未一味跟随。2018年6月在新加坡举行的第17届香格里拉对话会上，印度总理莫迪明确主张“建立自由、开放、包容的印度洋—太平洋地区，将该地区所有国家都置于对进步和繁荣的共同追求中”。他的观点与美国国防部长马蒂斯威胁指向、军事部署和联盟体系的用语形成了鲜明的对比。印度的立场代表了相当一部分国家希望印度洋保持和平稳定而不是成为大国争斗场所的心声。以新加坡为代表的亚太绝大多数国家不希望任何一方加剧紧张，不希望自己在大国间选边站，不愿意看到大国之间发生冲突。因此，维护印度洋地区的和平与稳定是我国以及印度洋周边国家的共同愿望和追求。

为了化解美国的战略封堵，我国应进一步推进与印度洋周边国家的友好往来和经济合作。印度洋深海海洋能的开发将开创新的巨大的合作空间。凭借在技术、产业链和产能方面的优势，我国应积极介入并支撑印度洋深海海洋能的开发，推广在南海、东亚和太平洋地区形成的成熟的区域合作模式，与印度洋周边国家携手合作，共建印度洋能源命运共同体，造福印度洋周边各国。

（五）“南大洋深海海洋能命运共同体”

南大洋是世界海洋波浪能资源最丰富的地区，却处于资源闲置状态。我国应联合南半球各国，特别是巴西、南非、阿根廷、智利、澳大利亚、新西兰等国，结成“南大洋能源命运共同体”，联合开发能够在风暴浪环境下有效生存并能稳定发电的波浪能浮式移动发电平台，在ACC内布设波浪能发电平台网络，建设环南极输气管道网，将南大洋波浪能发电制取的氢能源向南半球各国供应，以有效缓解南半球8亿人口的能源需求。

七、发展路线图

以构建“世界深海海洋能命运共同体”为最终目标，开发深海海洋能资源，解除世界能源危机，实现深海制氢对海上油气资源的革命性更替，加快氢能源时代的早日到来，实施“深海海洋能开发与综合利用国际合作计划”，计划按照“三步走”的方式，在2035—2050—2070年分阶段构建“世界深海海洋能命运共同体”（图6-2）。

凝聚全球科技人才，携手世界各国，联合打造公共研发平台，力争通过15年的技术攻关，突破深海海洋能高效转换技术、海上平台高效制氢与存储技术、海上平台太阳能、风能与海洋能综合利用技术以及海洋能开发与制氢无人智能平台关键技术，突破海上平台在海上风暴、冰山、海水腐蚀、生物附着等不利因素下长期稳定运行的关键技术，降低成本，实现深海海洋能制氢的规模化和商业化运行。争取在2035年前开始为南海周边国家供应氢气，联合南海周边国家建成“南海深海海洋能命运共同体”，探索深海海洋能开发合作机制。

到2050年，依次建成“RECP深海海洋能命运共同体”“太平洋深海海洋能命运共同体”“印度洋深海海洋能命运共同体”和“南大洋深海海洋能命运共同体”,“世界深海海洋能命运共同体”基本成形,实现深海制氢对海洋油气资源的革命性替代。

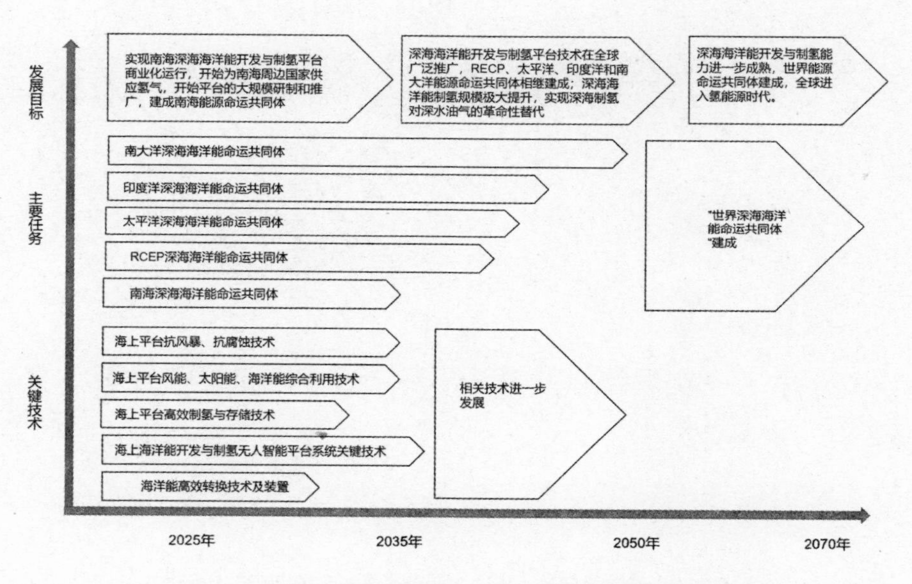

图 6-2　“世界深海海洋能命运共同体”发展路线图

再经过 20 年的努力,到 2070 年时,深海海洋能开发与制氢能力进一步提升,“世界深海海洋能命运共同体”基本建成,各国人民享受到充足而廉价的氢气,助力全球进入氢能源时代。

参考文献

[1] Wang Zhong Lin, Jiang, Tao, Xu, Liang. Toward the blue energy dream by triboelectric nanogenerator networks[J]. Nano Energy, 2017, 39:9-23.

[2] Wei Lixin, Qin Ting. Characteristics of cyclone climatology and variability in the Southern Ocean[J]. Acta Oceanologica Sinica, 2016, 35(7):59 － 67

[3] 陈凤云．海洋温差能发电装置热力性能与综合利用研究 [D]. 哈尔滨工程大学，2016.

[4] 陈红霞，林丽娜，潘增弟．南极绕极流研究进展综述 [J]. 极地研究，2017, 029(002):183-193.

[5] 金翔龙等．中国海洋工程与科技发展战略研究 - 海洋探测与装备卷 [M]. 北京：海洋出版社，2014.

[6] 海洋波浪能发电技术—蓝色能源革命 [J]. 科学中国人，2017, 96-97.

[7] 兰志刚，李新仲，姬忠礼，等．海洋温差能开发特点及其对生态环境的影响方式 [J]. 海洋科学，2018, 042(008):116-121.

[8] 李大树，张理．海洋温差发电系统热力学及热经济性分析 [J]. 工业加热，2016, 045(005):1-5.

[9] 罗续业，朱永强，杨名舟，等．中国海洋能政策研究 [M]. 北京：中国水利水电出版社，2016.

[10] 刘玉新，王海峰，王冀，等．海洋强国建设背景下加快海洋能开发利用的思考 [J]. 科技导报，2018, 36(14):22-25.

[11] 刘伟民．15 kW 温差能发电装置研究及试验 [J]. 中国科技成果，2014, 000(010):17-17.

[12] 刘伟民，麻常雷，陈凤云，等．海洋可再生能源开发利用与技术进展 [J]. 海洋科学进展，2018, 36(1).

[13] 倪晨华，马治忠，杜小平．海洋温差能资源储量计算方法及应用 [C]// 中国海洋可再生能源发展年会暨论坛．2013:604-610.

[14] 秦大河，Thomas Stocker. 第五次评估报告第一工作组报告的亮点结论 [J]. 气候变化研究进展，2014, 010(001):1-6.

[15] 史久新，乐肯堂，尹宝树，等．南极绕极流的经向输运 [J]. 海洋科学集刊，2003, 000(001):10-20.

[16] 王燕，刘邦凡，段晓宏．盐差能的研究技术、产业实践与展望 [J]. 中国科技论坛，2018, 265(05):55-62.

[17] 王燕，农云霞，刘邦凡．发达国家海洋波浪能发展政策及其对我国的启示[J]．科技管理研究，2017, 37(010):48-53.
[18] 王传崑．海洋能资源分析方法及储量评估[M]．北京：海洋出版社，2009.
[19] 王传崑，施伟勇．中国海洋能资源的储量及其评价[J]// 中国可再生能源学会海洋能专业委员会成立大会暨第一届学术讨论会论文集．2008.
[20] 岳娟，于汀，李大树，等．国内外海洋温差能发电技术最新进展及发展建议[J]．海洋技术学报，2017, 000(004):82-87.
[21] 张理，李志川．潮流能开发现状、发展趋势及面临的力学问题[J]．力学学报，2016, 48(5).
[22] 郑崇伟，贾本凯，郭随平，等．全球海域波浪能资源储量分析[J]．资源科学，2013(08):79-84.